beobachten in der Stadt

Himmelstouren für klare Nächte

KOSMOS

INHALT

Einführung
So benutzen Sie das Buch — 8
Sterne schauen auf dem Balkon — 10
Sterne, Sternhaufen und Nebel — 12
Der Mond — 14
Die Planeten — 17

Anhang
Sternbilder, Planeten, Finsternisse — 124
Lesetipps & Links — 126

Himmelstouren

Frühling

Frühling 1
Frühlingsdreieck — 22

Frühling 2
Krebs, Wasserschlange — 24

Frühling 3
Löwe, Jagdhunde — 28

Frühling 4
Bootes, Nördl. Krone, Jungfrau — 32

Frühling 5
Großer Wagen, Kleiner Wagen — 36

Sommer

Sommer 1
Sommerdreieck — 42

Sommer 2
Skorpion, Schlangenträger — 44

Sommer 3
Leier, Herkules — 48

Sommer 4
Schütze I — 52

Sommer 5
Schütze II — 56

Sommer 6
Adler, Schlange — 60

Sommer 7
Schwan — 64

Sommer 8
Pfeil, Delfin, Steinbock — 68

Sommer 9
Großer Wagen, Drache — 72

Herbst

Herbst 1
Herbstviereck 78

Herbst 2
Pegasus, Wassermann 80

Herbst 3
Andromeda, Dreieck 84

Herbst 4
Perseus, Widder 88

Herbst 5
Kepheus 92

Winter

Winter 1
Wintersechseck 98

Winter 2
Stier 100

Winter 3
Fuhrmann 104

Winter 4
Orion 108

Winter 5
Zwillinge 112

Winter 6
Großer Hund, Kleiner Hund 116

Winter 7
Kassiopeia 120

EINFÜHRUNG

So benutzen Sie das Buch

Dieser Sternführer stellt Ihnen in 26 Himmelstouren die schönsten Sternbilder, Sternhaufen und Nebel am Stadthimmel vor. Auch der Mond und die Planeten werden ausführlich beschrieben, denn sie sind gut geeignet für eine Himmelsbeobachtung in der Stadt.

Nummer und Name der Tour

Sichtbarkeitszeitraum in den angegebenen Himmelsrichtungen, Zeitangabe in Winterzeit (MEZ)

Nummer und Name des Tourpunktes

Wegbeschreibung zum Beobachtungsziel

Benötigte Instrumente: Fernglas oder Teleskop (häufig auch Auge)

Kurzbezeichnung des Beobachtungsziels auf der Sternkarte

Beobachtungstipp für einen Ausflug aufs Land

Schwierigkeitsgrad eines Beobachtungsziels

In 26 Touren über den Himmel

Die Himmelsausflüge sind nach Jahreszeiten sortiert und beschreiben die Blickrichtung nach Süden. Dabei gibt die erste Tour immer einen Überblick über die hellsten, aktuell sichtbaren Sterne. Die nachfolgenden Touren sind nach Sichtbarkeit geordnet, die letzte „Wanderung" einer Jahreszeit erkundet jeweils den Himmel in Richtung Norden. Eine Tour ist immer über mehrere Wochen oder sogar Monate am Himmel nachvollziehbar. Die Uhrzeit (22 Uhr) ist durchweg in Winterzeit angeben, in Mitteleuropäischer Zeit (MEZ) also, da die Sprünge von Win-

ter- zu Sommerzeit und umgekehrt teilweise innerhalb der Sichtbarkeitsperioden stattfinden. Für diejenigen Monate, in denen die Sommerzeit gilt, müssen Sie daher eine Stunde zur angegebenen Uhrzeit addieren, die Karten gelten dann also für 23 Uhr.

Für jedes Himmelsziel ist mit einem Symbol vermerkt, mit welchem Instrument es unter Stadtbedingungen sichtbar und ob es einfach oder schwierig zu finden ist. Liegen besonders berühmte Objekte in der Nähe, die aber in der Stadt kaum zu sehen sind, werden sie als „Landhimmel-Tipp" aufgeführt. Damit Sie eine Größen-

EINFÜHRUNG

Startpunkt jeder Tour ist ein heller, einfach auffindbarer Stern. Von dort aus werden interessante Sternbilder, besondere Sterne und weitere, mit dem Fernglas erkennbare Himmelsziele vorgestellt. Auch Tipps für Teleskopbesitzer sind dabei.

- Der Punkt genau über dem Kopf
- Wegweiser von einer Himmelsregion zur nächsten
- Symbol für einen Sternhaufen oder Nebel
- Nummer und Bezeichnung des Tourpunktes
- Besonders heller Stern
- Sternbild
- Die eigene Hand als Maßstab
- Blickrichtung

vorstellung von den Abständen am Himmel und den Abmessungen der Sternbilder haben, ist am unteren Rand jeder Karte jeweils eine ausgestreckte Hand als Maßstab angegeben.

Mit 15 bis 30 Minuten ist die Beobachtungsdauer überschaubar, die Touren beschränken sich meist auf einen relativ kleinen Himmelsausschnitt. Da jedoch insgesamt der ganze Bereich zwischen Horizont und Zenit abgedeckt wird sowie außerdem die Sicht nach Norden, müssen Sie vielleicht bei der einen oder anderen Tour Ihren Beobachtungsort wechseln.

Info

Wissenswertes und Fotos

Auf den Seiten 3 und 4 jeder Tour erfahren Sie besonders Wissenswertes zu den Beobachtungszielen. Fotos sind dabei so orientiert, dass sie für das Auge oder Fernglas „richtig" herum stehen. Beobachten Sie mit einem bildumkehrenden Fernrohr, müssen Sie sie auf den Kopf drehen. So prachtvoll und farbig erscheinen die Himmelsobjekte aber nur auf Bildern.

EINFÜHRUNG

Sterne schauen auf dem Balkon

Zur Himmelsbeobachtung einfach auf den Balkon, die Terrasse oder unter das Dachfenster treten, vielleicht mit einem Fernglas oder einem kleinen Teleskop – macht das überhaupt Sinn? Aber klar, Sterne beobachten kann man auch in der Stadt!

Der Balkon als Beobachtungsplatz

„Um Sterne zu beobachten, suchen Sie sich am besten ein dunkles Plätzchen mit freiem Rundumblick irgendwo auf dem Land", so heißt es in den meisten Büchern zur Astronomie. Für Stadtbewohner bedeutet das, abends mit dem Auto nochmals losfahren zu müssen – ein Aufwand, den viele Menschen nicht treiben möchten oder können. Das Motto dieses Buches ist daher: Um Sterne zu beobachten, benötigen Sie in erster Linie einen klaren, wolkenfreien Himmel. Dann werden Sie selbst auf dem Balkon, vor der Haustür oder im nächsten Hinterhof am Himmel schon einiges entdecken. Natürlich werden Sie an besagtem dunklem Plätzchen mehr Himmelsobjekte erspähen und vieles klarer erkennen können. Daher ist es durchaus empfehlenswert, die Himmelstouren (und vor allem die Landhimmel-Tipps) auch einmal auf dem Land anzuschauen, wenn Sie dann doch mal rausfahren oder sowieso gerade dort sind. Neben der Bequemlichkeit bietet Ihnen ein Beobachtungsplatz zu Hause aber sogar auch ein paar kleine Vorteile: Da sich am aufgehellten Stadthimmel nur die hellsten Sterne durchsetzen können, finden es Einsteiger in der Stadt mitunter sogar einfacher, die Sternbilder zu erkennen als unter einem sternenübersäten Firmament. Darüber hinaus ist Ihnen die Lage der Himmelsrichtungen bereits bekannt.

Die Sternkarten dieses Buches sind nach Süden ausgerichtet – ideal also für einen Südbalkon. Besitzen Sie keinen Südbalkon, können Sie die Karten einfach drehen: Auf einem Ostbalkon drehen Sie sie nach links und stellen sich dazu einen waagerechten Horizont vor, auf einem Westbalkon drehen Sie das Buch nach rechts (s. Abb. oben). Einen Teil der Sternbilder sehen Sie dann also nicht, dafür im oberen Bereich etwas mehr. In den anderen Bereichen entspricht Ihr Himmelsanblick etwa dem der gedrehten Karten – allerdings zu anderen Zeiten. Die Beobachtungszeiten für jede Himmelsrichtung sind zu Beginn jeder Tour in der Sichtbarkeitstabelle angegeben. Bei den horizontnahen Touren funktioniert der Trick mit dem Drehen der Karten leider nicht, sie lassen sich nur in Südrichtung beobachten. Um eine Vorstellung von der Größe Ihres Himmelsausschnittes bekommen, messen Sie ihn am besten einmal in Breite und Höhe mit der ausgestreckten Hand ab und vergleichen ihn mit dem Ausschnitt, den die Sternkarten zeigen.

Schauen Sie nach Osten oder Westen, müssen Sie das Buch zur Beobachtung drehen. Einen Teil des Himmels sehen Sie dann jedoch nicht.

Auch wenn Sie von zu Hause aus beobachten, sollten Sie sich vor allem im Winter warm anziehen. Ein Weilchen stehen Sie ja doch draußen, alleine Ihre Augen benötigen etwa 15 bis 20 Minuten, um sich an die dunkleren Lichtverhältnisse anzupassen. Bequem ist bei der Beobachtung ein Stuhl oder sogar ein Liegestuhl, auf dem Sie sich verrenkungsfrei nach hinten lehnen können. Vermeiden Sie hellere Lichtquellen in der Nähe – seien es Lichter im Haus, Straßenlaternen direkt vor Ihrer Tür oder der Vollmond über Ihrem Balkon. Um auch im Dunkeln die Sternkarten noch gut zu erkennen, sollten Sie eine Taschenlampe verwenden, bei der Sie das Frontglas mit roter Folie verkleiden, damit das Licht weniger blendet.

Die Wanderung von Sternen, Planeten und Mond

Wie die Sonne, gehen auch die Sterne im Osten auf, erreichen im Süden ihren höchsten Stand und sinken im Westen unter den Horizont. Bei Einbruch der Dunkelheit gehen einige Sterne im Westen bereits unter, während andere hoch am Himmel stehen und wieder andere im Osten gerade erst aufgehen. Der Himmel dreht sich beständig von Ost über Süd nach West. Das können Sie leicht nachvollziehen, wenn Sie sich den Ort eines helleren Sterns zu Beginn Ihrer Beobachtung merken und seine Position nach einer oder zwei Stunden damit vergleichen.

Als generelle Beobachtungszeit wurde für die Karten in diesem Buch 22 Uhr (MEZ) gewählt. Möchten Sie zu anderen Zeiten beobachten – im Winter z.B. früher oder im Sommer später – müssen Sie eventuell andere Karten nutzen. Als Faustregel können Sie sich merken, dass Sie zwei Stunden früher die Angaben für den vorhergehenden Monat verwenden können, beobachten Sie zwei Stunden später, sind es die des darauffolgenden Monats.

Die Sichtbarkeiten der Planeten verändern sich über Tage und Wochen. Die inneren Planeten Merkur und Venus sind nur abends im Westen oder morgens am Osthimmel sichtbar – Venus über mehrere Monate, Merkur hingegen jeweils nur ein paar Tage. Niemals sind sie im Süden zu beobachten. Die äußeren, für die Beobachtung interessantesten Planeten Mars, Jupiter und Saturn sind jeweils für mehrere Monate in den Abendstunden am Himmel zu sehen – zunächst im Osten, dann im Süden, später im Westen. Wie die Sterne erreichen sie im Süden ihren höchsten Stand. Die Sichtbarkeitszeiten der Planeten für die nächsten Jahre sind auf Seite 125 vermerkt.

Auch den Mond sehen Sie nicht immer, nur bei Vollmond steht er die ganze Nacht am Himmel. Dann steigt er im Osten über den Horizont, wenn im Westen gerade die Sonne untergeht. Bei Neumond befindet sich der Mond mit der Sonne am Taghimmel und ist unsichtbar. Als zunehmender Halbmond hingegen steht er abends bereits hoch im Süden, wohingegen der abnehmende Halbmond zu einer abendlichen Uhrzeit niemals beobachtet werden kann: Er geht erst gegen Mitternacht auf und steht bei Sonnenaufgang im Süden.

Beobachten mit Fernglas oder Teleskop

Fast alle Himmelsobjekte, die in diesem Buch beschrieben werden, sind mit dem bloßen Auge oder einem Fernglas aufzuspüren. Empfehlenswert sind dabei 7 x 50- oder 10 x 50-Ferngläser. Die erste Zahl steht für die Vergrößerung, die zweite für den Durchmesser eines Glases in Millimetern. Kleinere Ferngläser (z.B. 8 x 32) oder Operngläser können Sie zwar auch zu Hilfe nehmen,

Die zunehmende Mondsichel und der helle Planet Venus am westlichen Abendhimmel.

Sie werden darin aber nicht alles Beschriebene finden oder erkennen können. Um ein ruhiges Bild zu erhalten, sollten Sie während der Beobachtung Ihre Arme aufstützen, z.B. auf das Balkongeländer, oder – noch besser – das Fernglas auf ein Stativ montieren. Dazu können Sie ein stabiles Fotostativ verwenden und das Fernglas per Adapter festschrauben oder festschnallen (s. Abb. unten). So können Sie auch anderen Personen ein Objekt zeigen.

Besitzen Sie ein Teleskop, so sollten Sie es ebenfalls einsetzen, obwohl es natürlich aufwändiger ist. Vor allem Doppelsterne und Sternhaufen werden Sie darin aber häufig besser erkennen können als mit dem Fernglas. Beobachtungstipps für kleine Teleskope beziehen sich in diesem Buch auf Instrumente bis etwa 75 Millimeter Objektivdurchmesser. Als mittlere oder größere Teleskope werden Geräte ab 75 mm oder 100 mm bezeichnet, Teleskope ab 150 mm gelten als groß. Je nach Beobachtungsbedingungen kann die empfehlenswerte Teleskopgröße aber auch von den Angaben in diesem Buch abweichen.

Ein Fernglas mit Gewinde an der Mittelachse kann mit einem Adapter auf ein Fotostativ montiert werden.

Für Ferngläser ohne Gewinde gibt es im Handel erhältliche Lösungen, z.B. einen Holzblock mit Spanngummi.

Mittels Adapter kann das Fernglas auch auf eine einfache Fernrohrmontierung mit Feinjustierung gesetzt werden.

EINFÜHRUNG

Sterne, Sternhaufen und Nebel

Außer Sonne, Mond und Planeten, die im nächsten Kapitel beschrieben werden, zählen viele Himmelsobjekte zu den sogenannten „Deep-Sky-Objekten". Am Stadthimmel sind vor allem Sternbilder, Doppelsterne und Sternhaufen zu erkennen.

Sterne

Auch am Stadthimmel erkennt man gut, dass Sterne unterschiedlich hell sind und manche sogar eine rötliche oder bläuliche Färbung zeigen. Gemäß ihrer Helligkeit werden die Sterne in „Größenklassen" eingeteilt, dabei zählt ein Stern erster Größe zu den hellsten Vertretern, während ein Stern sechster Größe noch gerade eben unter einem dunklen Himmel erkennbar ist. Die Helligkeit eines Sterns wird neben seiner Leuchtkraft durch seine Entfernung bestimmt. Bei zwei gleichermaßen leuchtkräftigen Sternen wirkt der entferntere schwächer. Einige Sterne verändern ihre Helligkeit auch über einen gewissen Zeitraum, man nennt sie veränderliche Sterne. Dabei unterscheidet man zwischen optisch Veränderlichen, deren Helligkeit gar nicht wirklich schwankt, sondern nur durch das Vorbeiziehen eines dunkleren Begleitsterns scheinbar abgesenkt wird, und physisch Veränderlichen, die durch Pulsationen oder Eruptionen des Sternkörpers ihre Helligkeit tatsächlich verändern.

Die Farbe eines Sterns ist abhängig von seiner Oberflächentemperatur. Bläuliche Sterne sind sehr heiß mit Temperaturen über 20.000 Grad, rötliche hingegen recht „kühl" mit 4500 Grad und weniger. Dazwischen liegen die Farben Weiß, Gelb und Orange. Unsere Sonne ist ein gelber Stern mittlerer Helligkeit, sie ist an ihrer Oberfläche rund 5500 Grad heiß. Zu den leuchtkräftigsten Sternen im All zählen Rote Riesensterne, sie sind unter den hellen, mit bloßem Auge sichtbaren Sternen am Himmel besonders häufig vertreten. Rote Riesen sind mehrere Dutzend bis Hunderte Mal so groß wie unsere Sonne, es sind alternde Sterne, die kurz vor dem Ende ihres Lebensweges stehen. Noch leuchtkräftiger sind häufig blaue Riesen- oder Überriesensterne, sie sind im Unterschied zu den Roten Riesen heiß, jung und sehr massereich. Solche Sterne werden nur wenige Millionen Jahre alt, Sterne wie unsere Sonne hingegen rund 10 Milliarden Jahre.

Alle Sterne sind so weit weg, dass ihre Entfernungen in Kilometern angegeben wahrhaft astronomische Zahlen ergeben würden. Daher misst man Sternentfernungen in Lichtjahren. Ein Lichtjahr ist die Strecke, die das Licht in einem Jahr zurücklegt. In einer Sekunde rast es rund 300.000 Kilometer weit, in einer Stunde schon über eine Milliarde Kilometer, und in einem Jahr sind es knapp zehn Billionen Kilometer. Sirius, der nächste bei uns mit bloßem Auge sichtbare Nachbarstern, steht in knapp neun Lichtjahren Entfernung.

Sterne sind unterschiedlich groß und hell und leuchten in verschiedenen Farben.

Doppelsterne

Häufig kommt es vor, dass zwei oder sogar mehrere Sterne am Himmel nah beieinander stehen. Dabei unterscheidet man auch hier zwischen optischen (scheinbaren) und physischen (tatsächlichen) Doppel- bzw. Mehrfachsternen. Während optische Doppelsterne in keinem Zusammenhang miteinander stehen und völlig unterschiedliche Entfernungen haben können, umkreisen physische Doppelsterne einander. Aufgrund ihrer langen Umlaufzeiten kann man dies aber nicht sehen. Je enger die Komponenten eines Doppelsterns beisammen stehen und je unterschiedlicher ihre Helligkeiten sind, desto schwieriger ist es, sie zu trennen.

Sternhaufen

An vielen Stellen des Himmels stehen Sterne in Haufen zusammen, sie sind gemeinsam entstanden und mit ihrer gegenseitigen Anziehungskraft aneinander gebunden. Offene Sternhaufen enthalten in relativ lockerer Streuung einige Dutzend bis Tausend Sterne. Viele von ihnen lassen sich in kleinen Fernrohren in zahlreiche Einzelsterne auflösen, manche sogar schon im Fernglas. Ihre Altersspanne reicht von sehr jung mit nur wenigen Millionen Jahren bis mittelalt mit rund einer Milliarde Jahren.

Kugelsternhaufen zeigen demgegenüber eine sehr kompakte, runde Form, sie enthalten Hunderttausende von Sternen. Im Allgemeinen sind sie mit einigen Zehntausend Lichtjahren sehr weit entfernt und mit rund 13 Milliarden Jahren auch sehr alt. Kugelhaufen lassen sich

Offene Sternhaufen (links) zeigen Sterne in eher lockerer Streuung, Kugelhaufen hingegen sind dicht gepackt.

selbst in großen Fernrohren nicht vollständig auflösen. In kleinen Teleskopen wirken sie wie verwaschene Nebelfleckchen, nur bei einigen Haufen kann man die hellsten Sterne in den Randgebieten ausmachen. Im Fernglas erscheinen Kugelhaufen nur als rundlicher Fleck.

Gas- und Staubnebel

Während viele Doppelsterne und Sternhaufen schöne Beobachtungsobjekte auch für die Stadt sind, heben sich Gasnebel gegen den helleren Himmelshintergrund häufig nicht gut ab. Die hellsten Nebel heißen Emissionsnebel. Junge, heiße Sterne, die sich aus Gas- und Staubwolken gebildet haben, regen das umliegende Wasserstoffgas zum rötlichen Leuchten an. Die Farbe erkennt man jedoch nur auf Fotografien.

Andere Nebeltypen sind Planetarische Nebel oder Supernova-Überreste, die die abgeblasenen oder explosionsartig ausgestoßenen äußeren Schichten von sterbenden Sternen darstellen. Darüber hinaus gibt es Reflexionsnebel, bei denen das Licht heller Sterne an Staubwolken reflektiert wird. Am Stadthimmel spielen allenfalls noch Planetarische Nebel eine Rolle, sofern man Besitzer eines Teleskops ist.

Die Milchstraße

Das Band der Milchstraße ist in der Stadt mit bloßen Augen nicht oder nur schlecht zu sehen, mit dem Fernglas eignet es sich aber durchaus für Streifzüge. Die Milchstraße ist unsere eigene Heimatgalaxie, sie beherbergt rund 100 Milliarden Sterne. Alle Sterne, Sternhaufen und Gasnebel, die wir am Himmel sehen, sind Mitglieder der Milchstraße, auch die Sonne mit ihren Planeten gehört dazu. Könnte man von außen auf unser riesiges Sternsystem blicken, so sähe man eine große, flache Scheibe, um deren rundes, helles Zentrum sich leuchtende Spiralarme winden. Der Durchmesser der Scheibe beträgt 100.000 Lichtjahre. Wir selbst befinden uns rund 27.000 Lichtjahre vom Zentrum entfernt, und das Band, das wir am Himmel sehen, ist die Scheibenebene mit Abertausenden von Sternen.

Galaxien

Galaxien sind fremde Milchstraßensysteme, auch sie enthalten wie die Milchstraße zahllose Sterne, Sternhaufen und Gasnebel. Für die Stadt sind sie jedoch keine geeigneten Beobachtungsobjekte. Die einzige Galaxie, die Sie auch unter städtischen Bedingungen mit dem Fernglas ausmachen können, ist unsere große Nachbarspirale, die Andromeda-Galaxie (Herbsttour 3).

Die Milchstraße von außen betrachtet: Wir befinden uns mit der Sonne 27.000 Lichtjahre vom Zentrum entfernt.

Info

Sternnamen und Himmelskataloge

Besonders helle oder auffällige Sterne besitzen Eigennamen, meist arabischen Ursprungs. Den Sternen eines Sternbildes sind aber auch in der Reihenfolge ihrer Helligkeit die Buchstaben des griechischen Alphabets zugeordnet, gefolgt vom Genitiv des lateinischen Sternbildnamens oder seiner dreibuchstabigen Abkürzung. Wega, der hellste Stern im Sternbild Leier, trägt somit auch die Bezeichnung Alpha Lyrae (α Lyr). Darüber hinaus sind die Sterne nummeriert. Schwächere Sterne werden daher mit einer Zahl und dem Sternbildnamen gekennzeichnet. Eine Tabelle der bei uns sichtbaren Sternbilder mit ihrem lateinischen Namen, Genitiv und dessen Abkürzung finden Sie auf S. 124/125, ebenso wie das griechische Alphabet.

Himmelsobjekte tragen häufig Nummern aus dem Katalog des französischen Astronomen Charles Messier aus dem 18. Jahrhundert. Ihnen wird ein großes „M" vorangestellt, M 31 ist z.B. die Andromeda-Galaxie. Andere Kataloge sind der „New General Catalogue" (NGC) oder der Index Catalogue (IC).

Der Mond

Das einfachste und gleichzeitig abwechslungsreichste Himmelsobjekt ist der Mond. Auch aus der Stadt heraus können Sie ihn mit bloßem Auge, einem Fernglas oder Teleskop wunderbar beobachten.

Beobachtung mit bloßem Auge

Der Mond bietet schon dem bloßen Auge vielfältige Beobachtungsmöglichkeiten. Am auffälligsten ist die Änderung seiner Phasengestalt. Zwei Tage nach Neumond etwa erscheint der „junge" Mond erstmals als schmale Sichel am abendlichen Westhimmel und geht bereits kurz nach der Sonne unter. Die zunehmende Mondsichel wächst mit jedem Tag weiter an, ebenso verlängert sich ihre Sichtbarkeitsdauer. Vor allem in den ersten Tagen nach Neumond können Sie auch den dunklen Teil des Mondes erkennen, der die helle, schmale Sichel zum Kreis ergänzt – das aschgraue Mondlicht. Das Licht stammt von der Erde, die jetzt als helle, fast „volle Erde" am Mondhimmel leuchtet und ihr Licht auf ihn wirft.

Nach einer Woche ist Halbmond, das „Erste Viertel" ist erreicht. Bei Einbruch der Nacht steht der halb beleuchtete Erdtrabant hoch am Südhimmel und ist optimal zu beobachten. Seine helle, runde Seite zeigt nach rechts (Westen), dorthin also, wo die Sonne gerade untergegangen ist. Nach dem Ersten Viertel wird der Mond immer voller und runder, eine Woche nach Halbmond schließlich erscheint er als runder, heller Vollmond. Er geht dann bei Sonnenuntergang im Osten auf, bleibt die ganze Nacht über am Himmel und versinkt morgens bei Sonnenaufgang unter dem Westhorizont. Im Winter steht er hoch am Himmel, während er sich im Sommer nicht weit über den Horizont erhebt.

Nach Vollmond nimmt der Mond wieder ab, nun bleibt seine linke (östliche) Seite hell, während er rechts „angeknabbert" erscheint. Eine Woche nach Vollmond steht der abnehmende Halbmond am Himmel, das „Letzte Viertel" ist erreicht. Der Mond geht nun erst nach Mitternacht auf und ist bei klarem Himmel in den Morgenstunden noch im Westen sichtbar. Nach vier Wochen ist wieder Neumond: Der Mond steht – für uns unsichtbar – mit der Sonne am Taghimmel, und der Zyklus beginnt von neuem.

Farbenfroh und imposant kann es sein, einen Vollmondaufgang zu verfolgen. Während die Sonne im Westen untergeht, steigt der Mond am Osthorizont als riesige rötliche Kugel empor. Für die rote Färbung ist unsere irdische Atmosphäre verantwortlich. Dass der Mond am Horizont besonders groß erscheint, ist allerdings eine optische Täuschung. Durch Vergleich mit der Größe des eigenen Daumennagels bei ausgestrecktem Arm können Sie schnell feststellen, dass der Mond am Horizont nicht größer ist, als hoch oben am Himmel.

Achten Sie beim Mondaufgang einmal darauf, wie schnell der Mond hinter dem Horizont hervorkommt: Meist ist er nach zwei Minuten schon fast vollständig oben, und Sie haben den Beweis der Erddrehung mit eigenen Augen gesehen! Denn sie ist dafür verantwortlich, dass sich die Gestirne täglich von Ost nach West über den Himmel bewegen und auf- und untergehen. Aber auch die Eigenbewegung des Mondes um die Erde können Sie innerhalb von Stunden oder Tagen problemlos verfolgen: Steht der Mond zu einer bestimmten Zeit in der Nähe eines hellen Sterns, so können Sie im Laufe einer Nacht beobachten, wie sich seine Position relativ zu diesem Stern verändert. Da er sich um die Erde bewegt, wandert der Mond innerhalb einer Stunde um einen Vollmonddurchmesser (etwa eine viertel Fingerbreite) weiter nach Osten, am darauffolgenden Abend hat er sich bereits um mehr als eine Handbreit bewegt.

Auch Oberflächenmerkmale sind auf dem Mond bereits mit bloßem Auge zu erkennen: Helle und dunkle Gebiete sind vor allem bei Vollmond gut auszumachen, sie bilden das bekannte „Mondgesicht". Bei den dunklen Gebieten handelt es sich um sogenannte Mondmeere, die die ersten Mondbeobachter wegen ihres großen, runden und dunklen Erscheinungsbildes so nannten. Sie wurden

Der Mond wird stets zur Hälfte von der Sonne beleuchtet (innerer Kreis). Von der Erde aus betrachtet entstehen daraus die Mondphasen (äußerer Kreis).

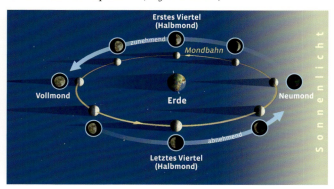

Beim Auf- und Untergang erscheint der Mond häufig rötlich verfärbt und besonders groß.

mit fantasievollen (lateinischen) Namen bedacht wie Ozean der Stürme (Oceanus Procellarum) oder Regenmeer (Mare Imbrium). Die Mondmeere enthalten jedoch kein Wasser, sondern dunkles Lavagestein. In früherer Zeit sind sie durch große Meteoriteneinschläge entstanden und mit Lava aus dem Mondinneren geflutet worden. Die erstarrte Lava verleiht ihnen heute ihre dunkle Farbe. Die hellen Gebiete sind kraterübersäte Hochländer.

Außerordentlich beeindruckend und überall gut zu beobachten sind Sonnen- oder Mondfinsternisse, deren Termine Sie für die nächsten Jahre der Tabelle auf Seite 125 entnehmen können. Bei einer Sonnenfinsternis schiebt sich der dunkle Neumond vor die helle Sonnenscheibe und verdunkelt sie oder deckt sie sogar vollständig ab. Mondfinsternisse treten bei Vollmond auf. Der helle Mond taucht dann ganz (total) oder teilweise (partiell) in den Schatten der Erdkugel ein und wird von ihm rötlich verfinstert.

Mit dem Fernglas

Ein Fernglas ist ein gut geeignetes Instrument zur Mondbeobachtung, je nach Qualität und Größe des Glases lassen sich unterschiedlich viele Details erkennen. Damit das Bild nicht so wackelt und Sie nicht so schnell ermüden, sollten Sie das Fernglas auf ein Stativ montieren oder bei der Beobachtung zumindest die Arme aufstützen. Nun lassen sich die hellen und dunklen Gebiete auf der Vollmondscheibe noch deutlicher unterscheiden. Mit Hilfe der Karte auf S. 16 können Sie die einzelnen Mondmeere identifizieren, z.B. die drei zusammenhängenden Regionen Mare Foecunditatis, Mare Tranquillitatis und Mare Serenitatis im rechten Mondteil sowie die beiden größten Mondmeere Mare Imbrium und Oceanus Procellarum auf der linken Mondhälfte. Ebenso fällt rechts das ovale Mare Crisium auf, das dem Mondrand mal etwas näher und mal etwas ferner steht – das „Mondgesicht" schwankt ein wenig im Laufe von Tagen.

Gut zu erkennen sind bei Vollmond auch die hellen Strahlenkrater, von denen drei zwischen Mare Imbrium und Oceanus Procellarum zu finden sind: Copernicus, Kepler und Aristarch. Copernicus ist ein riesiger Ringwall mit fast 100 Kilometern Durchmesser. Aristarch markiert die hellste Stelle auf dem Mond: Im Fernglas erscheint er als auffallend weißer Punkt.

Ganz am Ostrand des Mondes – am linken unteren Rand des Oceanus Procellarum – fällt etwas unterhalb der Mitte ein ovaler, dunkler Fleck auf: Grimaldi, einer der größten Ringwälle auf dem Mond. Wie bei den Meeren ist auch seine Innenfläche lavabedeckt, er zeigt einen Durchmesser von stolzen 220 Kilometern. Im südlichen Teil des Mondglobus zeigt sich unterhalb des Mare Nubium der schöne Strahlenkrater Tycho mit einem Durchmesser von 85 Kilometern, dessen helles Strahlensystem sich weit über die Mondkugel erstreckt. Die Strahlen bestehen aus pulverisiertem Gestein, das nach den Einschlägen ausgeworfen wurde.

Schwenken Sie noch einmal auf den nördlichen Teil des Mondes, so erkennen Sie oberhalb des Mare Imbrium den wiederum dunklen, rund 100 Kilometer großen Ringwall Plato. Ein Stück links unterhalb von ihm, am Nordostrand des Mare Imbrium, sehen Sie in einem größeren Fernglas, auf jeden Fall aber in einem kleinen Fernrohr, die außerordentlich schöne Regenbogenbucht (Sinus Iridum). Sie begrenzt das Mare Imbrium durch eine halbkreisförmige Erhebung. Besonders auffällig ist die Regenbogenbucht neun oder zehn Tage nach Neumond: Dann geht die Sonne über ihr auf, die Hell-Dunkel-Grenze (der sogenannte Terminator) streicht über dieses Gebiet. Dabei leuchten zunächst die Berggipfel des halbkreisförmigen „Jura-Gebirges" auf, und man hat den Eindruck, der zunehmende Mond habe links oben einen kleinen, leuchtenden Henkel – das Phänomen wird daher auch als „Goldener Henkel" bezeichnet.

Bis auf die anfangs beschriebenen Strukturen ist es generell interessanter, den Mond nicht bei Vollmond, sondern zu einer anderen Phase entlang der Dunkelgrenze zu beobachten. Dort fällt das Sonnenlicht schräg ein, alle Strukturen werfen lange Schatten und wirken sehr plastisch. Wandern Sie an mehreren Tagen den Terminator ab, so sehen Sie neben den Mondmeeren und Ringwällen auch verschiedene Krater und Gebirgszüge.

Viele Beobachter machen sich einen Spaß daraus, möglichst kurz nach Neumond in der Abenddämmerung auf die Jagd nach der ganz dünnen Sichel des „jungen" Mondes zu gehen. Auch hierzu ist ein Fernglas hilfreich. Im Frühjahr haben Sie dazu die besten Chancen, da die Ekliptik, die scheinbare Sonnenbahn, in deren Nähe sich auch der Mond stets aufhält, dann steil zum Horizont steht und die Mondsichel länger sichtbar bleibt. Starten

MOND

Sie Ihre Suche aber erst nach Sonnenuntergang, damit Sie Ihr Fernglas nicht versehentlich auf die Sonne richten – schwere Augenschäden könnten die Folge sein. Suchen Sie dann den Horizont vom Sonnenuntergangspunkt aus nach links oben ab.

Mit dem Teleskop

Den Mond im Teleskop zu betrachten ist außerordentlich faszinierend. Mit jedem noch so kleinen Instrument können Sie über die Mondoberfläche „spazieren" und mannigfaltige Strukturen erkennen. Außer den Mondmeeren erkennen Sie Ringwälle, Krater, Täler, Rillen und Gebirge. Zu beachten ist, dass das Bild im umkehrenden Fernrohr auf dem Kopf steht, Sie müssen Ihre Mondkarte also umdrehen. Abhilfe schafft ein Amici-Prisma, das das Bild aufrichtet und im Teleskophandel erhältlich ist. Sollte der Mond blenden, setzten Sie am besten ein Graufilter ein, um seine Helligkeit zu reduzieren. Bei etwa 100-facher Vergrößerung ist das gesamte Gesichtsfeld vom Mond ausgefüllt. Bei ruhiger Luft können Sie noch höher vergrößern, grundsätzlich sollten Sie jedoch nicht höher gehen als die doppelte Objektivöffnung in Millimetern.

Die „Meere" und zahlreiche helle Krater lassen sich bereits mit dem Fernglas auf dem Mond beobachten.

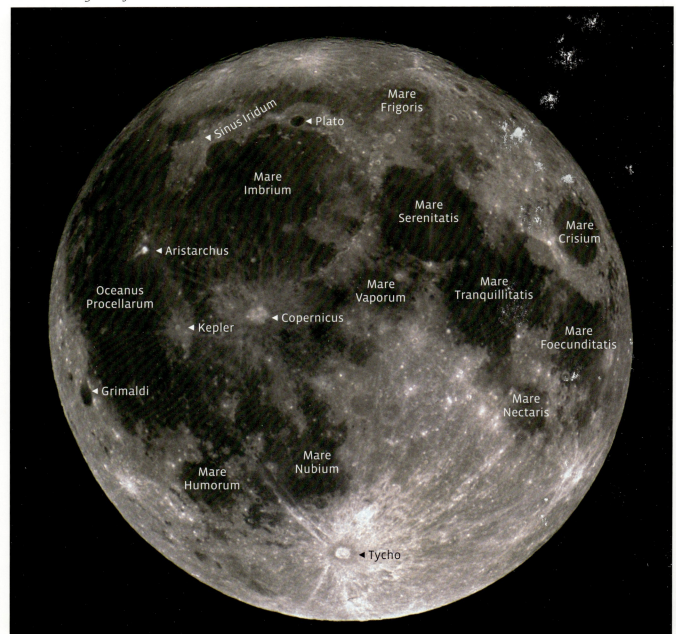

Die Planeten

Außer dem Mond sind auch einige Planeten auffällige Himmelsobjekte. Venus, Jupiter, Saturn und mitunter auch Mars werden während ihrer Sichtbarkeitsphasen sehr hell und sind dann auch am Stadthimmel gut zu finden.

Wann ist ein Planet zu sehen?

Die Planeten kreisen gemeinsam mit der Erde um die Sonne, sie bewegen sich daher im Laufe von Tagen und Wochen vor dem Hintergrund der Fixsterne. Daher sind sie auch nicht dauerhaft auf Sternkarten verzeichnet. Wenn Sie die Sternbilder schon recht gut kennen, werden Sie einen Planeten schnell als „Fremdkörper" in einem Sternbild ausmachen können. Die Planeten halten sich – wie der Mond – stets in der Nähe der Ekliptik auf, der scheinbaren jährlichen Sonnenbahn, die einen Kreis durch die Tierkreissternbilder beschreibt. Auch Mond und Planeten finden Sie daher stets in einem Tierkreissternbild.

Merkur und Venus bezeichnet man als innere Planeten, ihre Umlaufbahnen um die Sonne verlaufen innerhalb der Erdbahn. Sie sind nur dann am Himmel zu erkennen, wenn sie sich weit genug von unserem Tagesgestirn entfernen. Aber auch dann gehen sie nie lange nach der Sonne unter oder vor ihr auf. Stets sind sie am Morgen- oder Abendhimmel zu finden, niemals mitten in der Nacht. Ihren größten Sonnenabstand bezeichnet man als „maximale Elongation". Bei einer westlichen Elongation stehen sie am Morgenhimmel, bei einer östlichen am Abendhimmel. Stehen sie vor bzw. hinter der Sonne, befinden sie in „unterer" bzw. „oberer" Konjunktion". Zu diesen Terminen sind sie unsichtbar und wandern mit der Sonne über den Taghimmel.

Alle anderen Planeten zählen zu den äußeren Planeten. Ihre Umlaufbahnen verlaufen außerhalb der Erdbahn, sie sind von der Sonne weiter entfernt als die Erde. Stehen sie von uns aus gesehen hinter der Sonne, befinden sie sich in „Konjunktion" mit der Sonne. Wie bei den inneren Planeten sind sie dann unsichtbar und am Nachthimmel nicht vertreten. Die äußeren Planeten können aber der Sonne auch genau gegenüberstehen. Die Situation ist dann die gleiche wie bei Vollmond: Sie werden frontal von der Sonne beschienen, erreichen ihre maximale Helligkeit und stehen die ganze Nacht über am Himmel. Für die Beobachtung sind diese Termine besonders günstig, man nennt diese Stellung „Opposition". Die inneren Planeten erreichen diese Stellung niemals, sie sind nur sichtbar, wenn sie westlich oder östlich der Sonne stehen. Die günstigsten Sichtbarkeiten der Planeten in den nächsten Jahren finden Sie auf S. 125.

Merkur

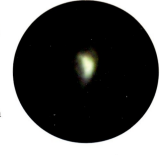

Der innerste Planet Merkur ist nur an wenigen Tagen im Jahr zu beobachten. Am besten sind die Bedingungen bei einer Abendsichtbarkeit im Frühjahr oder einer Morgensichtbarkeit im Herbst. Dann steht die Ekliptik steil zum Horizont und eine größte Elongation Merkurs kann den kleinen Planeten bis zu einer Stunde sichtbar werden lassen. Da Merkur aber stets in der Dämmerung und tief am Horizont zu finden ist, wird sein gelbliches Licht durch Licht und Dunst geschwächt. Ein Fernglas leistet daher zum Aufsuchen gute Dienste, sofern Sie freien Blick zum West- oder Osthorizont haben. *Aber Achtung: Nicht versehentlich in die Sonne blicken!* Im Fernrohr zeigt Merkur Phasen wie Mond und Venus, sie sind jedoch nicht einfach zu erkennen.

Die inneren Planeten beobachtet man am besten um eine größte Elongation herum, die äußeren zur Opposition.

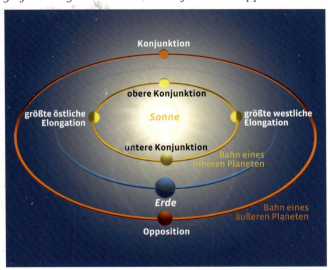

Venus

Um die Venus zu finden, müssen Sie sich nicht sonderlich anstrengen: Wenn sie am Himmel steht, springt sie morgens im Osten oder abends im Westen als strahlend heller, weißer „Stern" sofort ins Auge. Man bezeichnet sie

✸✸✸ einfach ✸✸ mittel ✸ schwierig

PLANETEN

deshalb auch als „Morgen-" oder „Abendstern". Bis zu viereinhalb Stunden kann sie vor der Sonne auf- oder nach ihr untergehen. Im Laufe eines Jahres steht sie jeweils für mehrere Monate morgens oder abends am Himmel. Beobachten Sie die Venus über einen Zeitraum von einigen Wochen, so können Sie ihre Bahnbewegung um die Sonne verfolgen. Zunächst befindet sie sich bei Sonnenuntergang bzw. -aufgang recht nahe am Horizont, dann vergrößert sich der Abstand von Woche zu Woche. Nach Erreichen eines Maximums sinkt sie dann meist sehr schnell wieder zum Horizont, bis sie nicht mehr sichtbar ist.

Im Fernglas sehen Sie kaum mehr als mit dem bloßen Auge. Auch im Fernrohr zeigt die gleißend helle Venus keinerlei Oberflächeneinzelheiten, ihre Phasengestalt können sie jetzt aber gut erkennen. Auch ihre Größe ändert sich über einige Wochen hinweg deutlich: Steht Venus in größter westlicher oder östlicher Elongation, zeigt sie eine „Halbmond"-Form. In der Nähe der unteren Konjunktion wird sie zu einer großen Sichel, während sie um die obere Konjunktion herum immer rundlicher und kleiner wird. Die Größenänderung ergibt sich aufgrund ihres Abstandes – während der unteren Konjunktion steht uns die Venus besonders nah und erscheint daher groß, bei der oberen Konjunktion steht sie weit entfernt hinter der Sonne und ist klein.

Mars ✶✶

Mars ist der äußere Nachbarplanet der Erde, schon mit bloßem Auge fällt seine rötliche Färbung auf. Abhängig von seiner Entfernung zeigt er sehr unterschiedliche Helligkeiten und ist manchmal unter den Sternen gar nicht leicht auszumachen. Am hellsten ist Mars – wie alle äußeren Planeten – während der Phase der Opposition, die rund alle zwei Jahre eintritt. Dann steigt sein Leuchten innerhalb weniger Wochen stark an, um danach genauso schnell wieder abzunehmen. Aber auch seine Oppositionshelligkeiten sind je nach seiner Entfernung sehr unterschiedlich: In Einzelfällen kann er so hell werden wie der Riesenplanet Jupiter, zu anderen Oppositionen ist er weniger auffällig. Während der Opposition „überholt" die Erde auf ihrer Innenbahn einen äußeren Planeten. Dieser scheint sich daher zu diesem Zeitpunkt am Himmel

besonders schnell zu bewegen. Bei Mars fällt dies wegen seiner Nähe besonders auf: Mit bloßem Auge können Sie dann seine Positionsänderung über mehrere Tage oder Wochen hinweg gut verfolgen.

Mit dem Fernglas ist von Mars kaum mehr zu sehen als mit dem bloßem Auge. Erst in einem Teleskop können Sie auf dem orangeroten Scheibchen während der Oppositionsperiode weiße Polkappen erahnen sowie erste dunkle Oberflächenstrukturen ausmachen.

Jupiter ✶✶✶

Jupiter ist ähnlich wie die Venus über lange Zeit strahlend hell. Einmal jährlich erreicht er seine Oppositionsstellung, dann leuchtet der helle, weißgelbe Planet über mehrere Monate lang am Himmel. Am besten montieren Sie Ihr Fernglas zur Beobachtung auf ein stabiles Stativ und werfen dann einen Blick auf Jupiter. Rechts und links von ihm können Sie nun problemlos seine vier hellsten Monde als kleine Pünktchen wie an einer Schnur aufgereiht sehen. Betrachten Sie Jupiter immer wieder über Stunden oder Tage hinweg, so können Sie die Bewegung der Monde leicht verfolgen – schon nach einigen Stunden hat sich ihre Stellung verändert. Manchmal „fehlt" auch ein Mond, er steht dann möglicherweise vor oder hinter der Jupiterscheibe oder ist in Jupiters Schatten getaucht.

Mit einem Teleskop sehen Sie auf dem Riesenplaneten dunkle Streifen, die sich quer über die ganze Planetenkugel ziehen. Es handelt sich um farbige Wolkenbänder, die durch die schnelle Rotation Jupiters zu Globus umspannenden „Gürteln" verzerrt sind. Mitunter verändern sie ihre Farbe oder verschwinden für eine gewisse Zeit ganz. Mit einem großen Fernrohr erkennen Sie mit etwas Glück auch den Großen Roten Fleck, ein ovales Wirbelsturmgebiet, das bereits seit Jahrhunderten auf Jupiter beobachtet wird. Innerhalb von nur zehn Stunden dreht sich Jupiter einmal um sich selbst. Durch diese schnelle Rotation ist der Planet abgeplattet: Am Äquator ist er breiter als an den Polen, er zeigt eine leicht ovale Form.

Saturn ✶✶

Saturn ist der fernste, noch mit bloßem Auge sichtbare Planet. Vor dem Hintergrund des Fixsternhimmels leuchtet er in einem ruhigen, gelblichen Licht. Da er erheblich weiter entfernt ist als Jupiter, strahlt er zu Zeiten seiner Opposition „nur" ähnlich hell wie ein heller Stern. In einem guten Fernglas (auf Stativ!) lässt sich sein größter Mond Titan als kleines Pünktchen in Saturns Nähe erkennen. In einem kleinen Teleskop ab 30-facher Vergrößerung offenbart sich der berühmte Ring um den Planeten. Beobachten Sie Saturn über mehrere Monate oder sogar Jahre hinweg, können Sie erkennen, dass der Saturnring – je nach gegenseitiger Stellung von Erde und Saturn – seine Neigung verändert. Im Jahr 2009 blickten wir genau auf seine schmale Kante, so dass der Ring in einem kleinen Teleskop gar nicht mehr zu erkennen war. Bis zum Jahr 2017 wird er sich maximal öffnen, um sich danach in die andere Richtung wieder zu schließen.

Uranus und Neptun

Die beiden äußersten Planeten unseres Sonnensystems sind mit bloßem Auge unter städtischem Himmel nicht sichtbar und selbst mit einem Instrument nicht leicht zu finden. Um den vorletzten Planeten Uranus als grünliches Lichtpünktchen zu erkennen, benötigen Sie mindestens ein Fernglas und eine Aufsuchkarte, die z.B. astronomische Jahrbücher enthalten. Im Teleskop können Sie versuchen auch Neptun aufzusuchen, der darin als grünblauer Punkt erscheint.

Satelliten, Sternschnuppen und Kometen

Außer Mond, Planeten und Sternen (und Flugzeugen) können Sie am städtischen Nachthimmel in erster Linie Satelliten beobachten. Besonders auffallend ist die Internationale Raumstation (ISS), die zu bestimmten Zeitpunkten als sehr heller Lichtpunkt langsam über den Himmel zieht. Ihre Sichtbarkeiten können Sie im Internet abfragen unter www.heavens-above.com. Auf dieser Seite erfahren Sie auch die Zeitpunkte der sogenannten „Iridium-Blitze", die zum Teil extrem hell sein können. Sie leuchten kurzzeitig auf und werden durch spiegelnde Flächen auf Satelliten erzeugt, die das Sonnenlicht stark reflektieren.

Selbstverständlich können Sie von Ihrem Balkon oder Ihrer Terrasse aus auch nach Sternschnuppen Ausschau halten, wenn Sie ein wenig Ausdauer mitbringen und kein Mondlicht stört. Anfang Januar, Mitte August, Mitte November und Mitte Dezember ist die Aussicht auf Erfolg besonders hoch, und Sie könnten vielleicht ein helleres Exemplar erwischen. Zu diesen Zeiten passiert die Erde die Meteorströme der Quadrantiden, der Perseiden, der Leoniden und der Geminiden.

In seltenen Glücksfällen wird auch ein Komet am Himmel so hell, dass er am Stadthimmel mit bloßem Auge zu sehen ist. Mit dem Fernglas oder Teleskop können Sie auch schwächere Kometen aufspüren, in astronomischen Jahrbüchern oder im Internet finden Sie dazu Beobachtungszeiten und Aufsuchkarten.

Tipp

Die Sonne beobachten

Natürlich können Sie auch tagsüber Himmelsbeobachtungen unternehmen, z.B. auf der Sonne. Dazu benötigen Sie eine „Sonnenfinsternisbrille" oder für Ihr Fernglas oder Teleskop im Handel erhältliche Folien- oder Glassonnenfilter. Diese müssen Sie vor dem Objektiv Ihres Instrumentes gut befestigen. So können Sie Sonnenflecken als dunkle Gebiete auf der ansonsten gleißend hellen Sonnenscheibe erkennen.

Der innerste Planet Merkur (Bildmitte) beim Sternhaufen der Plejaden in der Abenddämmerung.

FRÜHLING 1 • HIMMELSTOUR

Frühlingsdreieck

SICHTBARKEIT

Mitte März – Anfang April	Mitte April – Mitte Mai	Ende Mai – Mitte Juni
22 Uhr, Osten	22 Uhr, Süden	22 Uhr, Westen

Der eher unauffällige Frühlingshimmel wird von drei hellen Sternen dominiert, an denen Sie sich gut orientieren können: Es sind Arktur, Spika und Regulus. Sie bilden das große Frühlingsdreieck, das sich fast über den halben Himmel erstreckt.

❶ 👁 Stern Arktur ✶✶✶

Arktur ist sehr einfach zu finden: Der Große Wagen, der jetzt fast im Zenit steht, weist Ihnen den Weg. Vier seiner Sterne formen den Wagenkasten, drei weitere Sterne bilden eine gebogene Linie – die Wagendeichsel. Folgen Sie dem Schwung der Wagendeichsel Richtung Südhorizont, so gelangen Sie auf halber Höhe zum rötlich leuchtenden Stern Arktur. Er ist der Hauptstern im Sternbild Bootes, das in der Frühlingstour 4 genauer beschrieben wird.

❷ 👁 Stern Spika ✶✶✶

Verlängern Sie den Schwung der Wagendeichsel über Arktur hinaus, so treffen Sie zwei Handbreit über dem Südhorizont auf Spika, den blauweißen Hauptstern im Sternbild Jungfrau, das ebenfalls in Tour 4 vorgestellt wird.

❸ 👁 Stern Regulus ✶✶✶

Regulus, den dritten Stern, finden Sie auf halber Höhe im Südwesten. Auch hier können Sie den Großen Wagen zu Hilfe nehmen: Verbinden Sie in Gedanken die beiden hinteren Sterne des Wagenkastens und verlängern Sie diese Strecke rund achtmal Richtung Südhorizont, so gelangen Sie zum bläulich weiß strahlenden Hauptstern im Löwen. Der Löwe ist das markanteste Frühlingssternbild, er ist Thema in der Frühjahrstour 3.

❹ 👁 Frühlingsdreieck ✶✶✶

Die drei Sterne Arktur, Spika und Regulus bilden das riesige Frühlingsdreieck. Wie auch die anderen jahreszeitlich charakteristischen Figuren (S. 42, 78, 98) ist es kein Sternbild, sondern nur eine auffällige Sternanordnung. Arktur leuchtet dabei deutlich heller als Spika und Regulus. Ganze vier Handbreit voneinander entfernt stehen Arktur und Regulus halbhoch am Himmel, während sich Spika, zwei Handbreit unterhalb von Arktur, nie weit über den Horizont erhebt. Das Frühlingsdreieck besitzt zwei etwa gleich lange Seiten, seine Spitze weist nach rechts und liegt bei Regulus.

Regulus taucht als Erster der drei Sterne schon im Januar auf, Arktur folgt etwa ab Mitte Februar. Vollständig ist das Dreieck Mitte März, Spika ist dann jedoch noch recht unauffällig, da sie sehr horizontnah steht. Mitte April steht das Dreieck im Süden. Ab Juli ist es nicht mehr vollständig zu sehen, Regulus ist bereits im Westen versunken. Am längsten – noch bis in den September hinein – ist der helle Arktur zu finden.

Sterne beobachten im Frühling

Durch die Wanderung der Erde um die Sonne gehen alle Sterne täglich rund vier Minuten früher unter als am Vortag. Unser Himmelsanblick verschiebt sich dadurch kontinuierlich nach Westen und zeigt zu jeder Jahreszeit andere Sternbilder. Im Frühjahr vollzieht sich dieser Umschwung besonders rasant, da die zunehmende Tageshelligkeit die Sterne zudem immer später erscheinen lässt. Der Wechsel vom Winter- auf den Frühlingshimmel geht daher sehr schnell.

Tipp

👁 Der Verlauf der Ekliptik ✶✶✶

Im Frühjahr können Sie den Verlauf der scheinbaren Sonnenbahn am Himmel nachvollziehen, der Ekliptik. Ziehen Sie dazu in Gedanken eine Linie von Regulus zu Spika, beide Sterne liegen ganz in der Nähe dieser Bahn. Im Frühsommer können Sie die Linie sogar bis zum Skorpion-Hauptstern Antares verlängern (s. Karte 45) und die Ekliptik so quer über den Himmel verfolgen. Auch Mond und Planeten bewegen sich stets in der Nähe der Ekliptik, weshalb Regulus, Spika und Antares mitunter „Besuch" von ihnen erhalten.

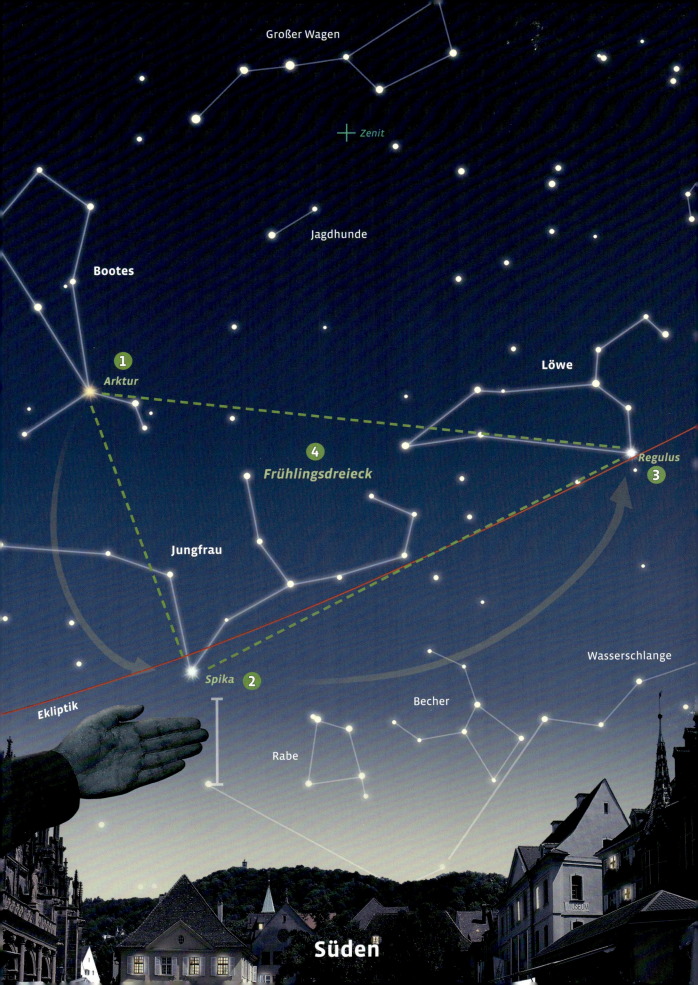

FRÜHLING 2 • HIMMELSTOUR

Krebs, Wasserschlange

SICHTBARKEIT		
Februar	**März**	April
22 Uhr, Osten	**22 Uhr, Süden**	22 Uhr, Westen

Die zweite Tour am Frühlingshimmel führt uns zunächst zu unbekannteren Sternbildern, die sich aus lichtschwachen Sternen zusammensetzen. Der Krebs ist nicht einfach zu erkennen, und auch das Sternbild Wasserschlange ist leicht zu übersehen.

❶ 👁 Sternbild Krebs

Obwohl der Krebs ein sehr unauffälliges Sternbild ist, können Sie ihn aber dennoch gut lokalisieren: Sie finden ihn recht genau in der Mitte zwischen den Zwillingssternen Kastor und Pollux (Tour Winter 5) auf der einen Seite und Regulus, dem hellen Hauptstern des Löwen (Tour Frühling 3), auf der anderen Seite. Die Krebs-Sterne bilden ein auf dem Kopf stehendes „Y".

❷ ⚡ Offener Sternhaufen Praesepe (M 44)

Haben Sie den Krebs gefunden, holen Sie Ihr Fernglas hervor und zielen einmal mitten ins Sternbild hinein. Dort erwartet Sie einer der schönsten Offenen Sternhaufen des Himmels, die Praesepe (lat., Krippe) mit der Katalogbezeichnung M 44. Sie erblicken in einem ausgedehnten Bereich zahlreiche Sterne in lockerer Streuung.

❸ ⚡ Doppelstern Rho 1 Cancri (ρ¹ Cnc)

Wandern Sie von der Praesepe aus nun knapp eine Handbreit zum nördlichen (oberen) Ende des Krebses, so treffen Sie etwa einen Fingerbreit links neben dem obersten Krebsstern auf den Doppelstern ρ¹ Cnc. Sie können ihn im Fernglas problemlos als doppelt identifizieren. Beide Sterne sind gelblich und etwa gleich hell.

❹ 👁 ⚡ Sternbild Wasserschlange

Wandern Sie von der Praesepe hingegen nach unten über die Sternbildgrenzen des Krebs' hinweg, so gelangen Sie nach gut einer Handbreit des Weges zu einer recht auffälligen Ansammlung von etwa sechs mittelhellen Sternen. In einem schwach vergrößernden Fernglas (maximal 10-fach) können Sie die Sterngruppe formatfüllend betrachten, sie bildet den Kopf der Wasserschlange. Das gesamte Sternbild ist sehr ausgedehnt und schlängelt sich schräg herunter bis zum Südhorizont. Unterhalb des Kopfes, knapp zwei Handbreit über dem Horizont fällt ein orangefarbener Stern auf, es ist Alphard, der Hauptstern der Wasserschlange.

❺ ⚡ Doppelstern 27 Hydrae (27 Hya)

Ein Fingerbreit rechts unterhalb von Alphard finden Sie unser nächstes Ziel, den Doppelstern 27 Hya. Auch seine Sternkomponenten können Sie leicht im Fernglas trennen, die beiden gelblich weißen Sterne zeigen jedoch einen deutlichen Helligkeitsunterschied.

❻ ⚡ ✏ Doppelstern 41 Lyncis (41 Lyn)

Wandern Sie nun wieder zum Sternhaufen der Praesepe zurück in den Krebs. Zwei Handbreit noch weiter oben treffen Sie auf einen helleren, auffällig rötlichen Stern. Es ist Alpha Lyncis (α Lyn), der Hauptstern im absolut unscheinbaren Sternbild Luchs. Eine weitere Handbreit darüber gelangen Sie zum letzten Punkt unserer Tour, dem Doppelstern 41 Lyn. Er zeigt ebenfalls zwei gelblich weiße Sterne mit einem deutlichen Helligkeitsunterschied. Beide Sterne sind jedoch schwächer und stehen viel näher beisammen als bei 27 Hya. Am besten montieren Sie das Fernglas für die Beobachtung daher auf ein Stativ, oder Sie betrachten 41 Lyn mit einem Teleskop.

LandhimmelTipp

⚡ ✏ Offener Sternhaufen M 67

Unter einem dunklen Landhimmel sollten Sie noch einmal einen Abstecher in den Krebs unternehmen. Schwenken Sie dazu von der Praesepe knapp eine Handbreit nach unten, zum linken unteren Fußstern des Krebs'. Im Fernglas sehen Sie dann den Sternhaufen M 67 einen Fingerbreit rechts neben dem untersten Krebsstern als recht großflächigen Nebelfleck. Im Teleskop zeigt der Haufen Einzelsterne.

✱✱✱ einfach ✱✱ mittel ✱ schwierig

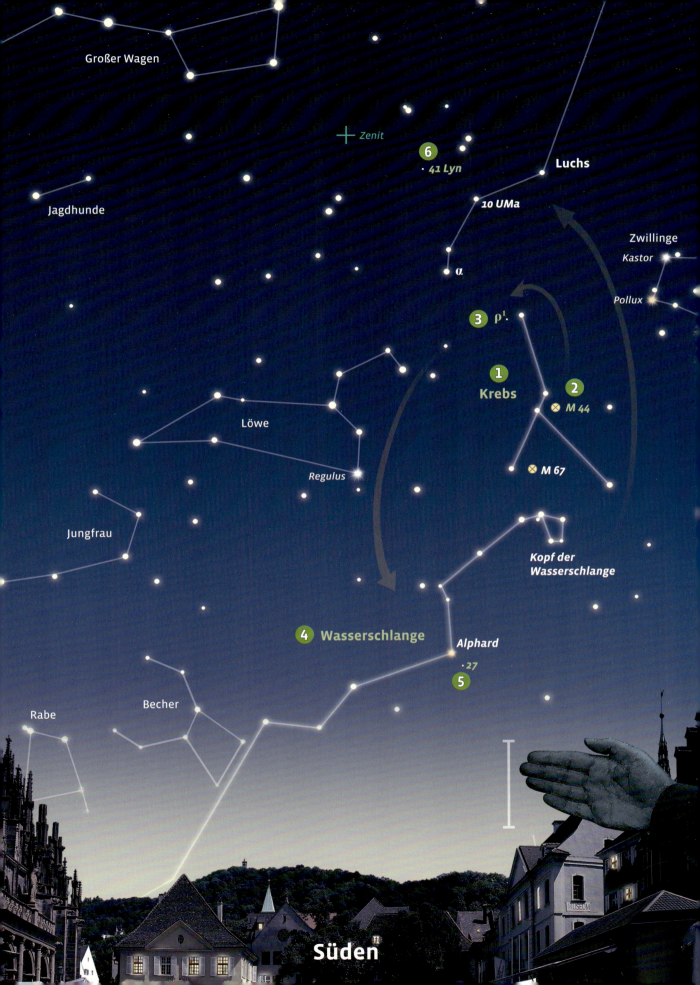

FRÜHLING 2 • WISSENSWERTES

Krebs, Wasserschlange

1 Sternbild Krebs

Der Krebs zählt zum Reigen der Tierkreissternbilder (s. Kasten), allerdings ist er das unscheinbarste der 13 Bilder. Vor allem in der Stadt ist er nicht einfach auszumachen, denn er enthält keine helleren Sterne. Dennoch war das Sternbild auch schon den alten Griechen bekannt, da es in der Antike den Sommerpunkt beherbergte. Die Sonne erreicht im Sommerpunkt den höchsten Stand des Jahres, sie passiert ihn zur Sommersonnenwende und läutet damit den Sommer auf der Nordhalbkugel der Erde ein. Durch eine langfristige Kreiselbewegung der Erdachse, die sogenannte Präzession, liegt der Sommerpunkt heute jedoch nicht mehr im Krebs, sondern im Sternbild Stier. Trotzdem spricht man auch heute noch vom Wendekreis des Krebses: Gemeint ist damit der nördliche Wendekreis auf der Erde, über dem die Sonne zu Sommerbeginn am 21. Juni genau im Zenit steht.

In der griechischen Mythologie wurde der Krebs vom Helden Herkules zertreten, weil er ihn während seines Kampfes mit der neunköpfigen Hydra in den Zeh zwickte.

Das Sternbild Krebs in figürlicher Darstellung.

2 Offener Sternhaufen Praesepe (M 44)

Zusammen mit den Plejaden und den Hyaden im Sternbild Stier (Wintertour 2) ist die Praesepe einer der berühmtesten Offenen Sternhaufen am Himmel. Sie war schon lange bekannt, bevor Charles Messier sie 1769 als Nummer 44 in seinen Nebelkatalog aufnahm. Bereits der griechische Poet Aratos von Soli hatte den „Nebel" um 260 v. Chr. beschrieben, allerdings war es erst Galileo Galilei nach Erfindung des Fernrohrs im 17. Jahrhundert gelungen, ihn in einzelne Sterne aufzulösen. Unter einem dunklen Himmel können Sie M 44 schon mit bloßem Auge erspähen, die Praesepe erscheint dann als verwaschenes Lichtfleckchen. Erst im Fernglas aber erkennen Sie – wie einstmals Galilei –, dass es sich wirklich um einen Sternhaufen handelt. In einem Teleskop sollten Sie nur gering vergrößern, da der ausgedehnte Sternhaufen als solcher sonst nicht mehr erkennbar ist.

M 44 enthält rund 200 Sterne. Der Haufen ist etwa 600 Lichtjahre von uns entfernt und mit 800 Millionen Jahren recht alt. Hinsichtlich seines Alters und seiner räumlichen Bewegung ähnelt er den Hyaden im Stier. Man vermutet, dass beide Haufen gemeinsam entstanden sind und nun langsam auseinanderdriften. Knapp südlich der Praesepe verläuft die Ekliptik, die scheinbare Sonnenbahn, in deren Nähe sich auch Mond und Planeten bewegen. Gelegentlich wandert daher ein Planet vor den Sternen der Krippe vorbei, und mitunter werden sie vom Mond bedeckt. Im Fernglas oder Teleskop lässt sich ein solches Schauspiel gut verfolgen (s. Kasten).

3 Doppelstern Rho 1 Cancri (ρ^1 Cnc)

Das Doppelsternsystem ρ^1 Cnc, das Sie im Fernglas beobachten können, ist in Wirklichkeit keines: Die beiden Sterne stehen nur scheinbar eng beisammen, sie bilden einen optischen Doppelstern. Während die etwas hellere Komponente – nach dem englischen Astronomen John Flamsteed als Nummer 55 im Krebs (55 Cnc) bezeichnet – nur rund 40 Lichtjahre entfernt ist und damit noch zu unserer Nachbarschaft zählt, ist der zweite Stern mit der Bezeichnung 53 Cnc mit 800 Lichtjahren viel weiter entfernt. Seit dem Jahr 2007 weiß man, dass 55 Cnc von mindestens fünf Planeten umkreist wird.

Die Sterne der Praesepe bilden eine charakteristische Anordnung, die an ein auf der Seite liegendes Haus mit Giebeldach erinnert.

4 Sternbild Wasserschlange

Die Wasserschlange ist das ausgedehnteste Sternbild am Himmel. Auch sie war bereits den alten Griechen bekannt, in der Mythologie verkörpert sie die neunköpfige Hydra, die der heldenhafte Herkules im Rahmen seiner zwölf Aufgaben besiegte. Die meisten Sterne dieser großen, aber unauffälligen Sternfigur ziehen bei uns nur in sehr flachem Bogen über den Himmel und bleiben häufig in den aufgehellten Dunstschichten verborgen. Der aufragende Kopf ist jedoch recht gut zu erkennen. Seine sechs Sterne sind eine zufällige Ansammlung mit recht unterschiedlichen Entfernungen von 135 bis 460 Lichtjahren.

Der Hauptstern Alphard steht als einziger hellerer Stern in einem ansonsten eher sternarmen Gebiet, sein arabischer Name bedeutet „der Alleinstehende". Alphard ist ein orangeroter Riesenstern und gut 40-mal so groß wie unsere Sonne. An ihrer Stelle stehend würde sein Sternkörper bis an die Bahn des innersten Planeten Merkur heranreichen. Sein Licht ist rund 180 Jahre zu uns unterwegs.

5 Doppelstern 27 Hydrae (27 Hya)

Die beiden Sterne des Systems 27 Hya bilden einen physischen (echten) Doppelstern in etwa 225 Lichtjahren Entfernung. Mit einem größeren Teleskop könnten Sie sehen, dass der schwächere Begleiter nochmals doppelt ist, tatsächlich handelt es sich also um einen Dreifachstern.

6 Doppelstern 41 Lyncis (41 Lyn)

41 Lyn ist ein gelber Riesenstern mit einem entfernten schwächeren Begleiter. Das Paar ist 288 Lichtjahre entfernt. Obwohl 41 Lyn dem Namen nach zum Sternbild Luchs (lat.: Lynx) gehört, liegt der Stern auf dem Gebiet des Sternbildes Großer Bär. Als der englische Astronom John Flamsteed vor rund 300 Jahren die Sterne durchnummerierte, waren die Grenzen der Sternbilder noch nicht genau definiert. Erst im Jahr 1930 legte die Internationale Astronomische Union (IAU) die Sternbildgrenzen verbindlich fest, und plötzlich lagen einige Sterne dem Namen nach im „falschen" Sternbild, so auch 41 Lyn. Die Bezeichnung des Sterns wurde dennoch beibehalten, ebenso die von 10 Ursae Maioris (10 UMa), der dem Namen nach zum Großen Bären, der Lage nach aber zum Luchs zählt.

Offener Sternhaufen M 67

Im Jahr 1780, ein Jahr nach seiner Erstentdeckung, fand Charles Messier den Offenen Sternhaufen am Himmel und nahm ihn als Nummer 67 in seinen Katalog auf. M 67 ist kleiner als die Praesepe und sehr viel unauffäl-

Der Offene Sternhaufen M 67 hebt sich im Fernglas nur bei dunklem Himmel vom Hintergrund ab.

liger. Der Haufen enthält rund 500 Sterne und ist mit einer Entfernung von etwa 3000 Lichtjahren deutlich weiter weg als M 44. Auch an Alter übertrifft er die Praesepe klar: Mit 4 Milliarden Jahren ist M 67 ein richtig alter Offener Haufen.

Info

Die Tierkreissternbilder

Im Laufe eines Jahres dreht sich die Erde um die Sonne. Für uns scheint jedoch die Sonne über den Himmel zu wandern, in einem Jahr durchläuft sie einen Kreis am Himmel. Diese scheinbare Sonnenbahn heißt Ekliptik, die Sternbilder, die die Sonne auf ihrem jährlichen Weg passiert, nennt man Tierkreissternbilder. Während es in der Astrologie nur 12 Tierkreis*zeichen* gibt, durchläuft die Sonne aber 13 Tierkreis*sternbilder*. Himmelsareale, die früher zum Sternbild Skorpion gehörten, zählen heute zum Schlangenträger, der damit das 13. Bild stellt.

Auch Mond und Planeten halten sich stets in den Tierkreissternbildern auf, da sie sich nie weit von der Sonne entfernen. Sterne oder andere Himmelsobjekte, die sich in der Nähe der Ekliptik befinden, können daher ab und zu vom Mond oder sehr selten von einem Planeten bedeckt werden. Besonders schön anzusehen sind Mondbedeckungen von Sternhaufen, wie der Praesepe im Krebs (s.o.) oder der Plejaden im Stier. Mit dem Fernglas (oder einem Teleskop) können Sie dann am dunklen Mondrand verfolgen, wie der Erdtrabant Sterne „ausknipst" oder sie plötzlich wieder freigibt.

FRÜHLING 3 • HIMMELSTOUR

Löwe, Jagdhunde

SICHTBARKEIT		
Februar – März	**April**	Mai – Mitte Juni
22 Uhr, Osten	**22 Uhr, Süden**	22 Uhr, Westen

Tour 3 bringt uns in die Region des bekanntesten Frühjahrssternbildes: Der Löwe ist nicht nur der König der Tiere, er nimmt auch am Himmel eine prominente Stellung ein. Das Sternbild Jagdhunde hingegen ist klein und unauffällig.

❶ 👁 Sternbild Löwe ✷✷✷

Der Löwe steht jetzt halbhoch im Süden. Halbieren Sie die Strecke zwischen Zenit und Südhorizont, so gelangen Sie zum hellen, bläulich weißen Löwen-Hauptstern Regulus. Von ihm aus sind auch die restlichen Sterne des Löwen leicht gefunden. Den Körper des Tieres formen im Wesentlichen fünf Sterne, die einen liegenden Tierrumpf nachzeichnen. Von Regulus aus erstreckt er sich fast drei Handbreit nach links und eine Handbreit nach oben. Am vorderen Ende des Sternfünfecks, beim Stern Algieba, ist der Löwenkopf aufgesetzt: Drei weitere Sterne bilden hier eine Sichel, die nach rechts oben gekrümmt ist. Die Form des Sternbildes erinnert insgesamt ein wenig an ein altes Bügeleisen. Am linken, spitzen Ende des Eisens (oder des Löwenkörpers) leuchtet der Stern Denebola, dessen Name übersetzt „Schwanz des Löwen" bedeutet.

❷ ⚡✏ Doppelstern Algieba und 40 Leonis (40 Leo) ✷✷

Dort, wo der Kopf des Löwen an den Körper ansetzt, finden Sie den Doppelstern Algieba. Seine beiden Komponenten können Sie zwar im Fernglas noch nicht trennen, es zeigt sich darin aber ein weiterer, schwächerer Nachbarstern, der gelbliche Stern 40 Leo. In einem kleinen Teleskop entpuppt sich Algieba selbst dann als außergewöhnlich schöner Doppelstern mit zwei gelblichen, verschieden hellen Komponenten.

❸ 👁 Sternbild Jagdhunde ✷✷

Ausgehend vom Löwen können Sie das unscheinbare Nachbarsternbild Jagdhunde leicht finden. Wandern Sie vom Löwen-Schwanzstern Denebola in Richtung der Deichsel des Großen Wagens, der jetzt fast im Zenit steht, so treffen Sie nach etwa zwei Drittel der Strecke auf zwei mittelhelle Sterne: Sie bilden das kleine Sternbild Jagdhunde. Der hellere der beiden ist der Hauptstern mit dem Namen Cor Caroli.

❹ ⚡ Doppelstern 17, 15 Canum Venaticorum (17, 15 CVn) ✷✷

Mit dem Fernglas finden Sie gut einen Fingerbreit links von Cor Caroli zwei einfach zu trennende, weißliche Sterne mit nahezu gleicher Helligkeit. Sie bilden den Doppelstern mit den Bezeichnungen 17 und 15 CVn im Sternbild Jagdhunde (lat.: Canes Venatici).

❺ ⚡ Coma-Sternhaufen ✷✷

Wandern Sie zum Schluss der Tour von den beiden Sternen der Jagdhunde wieder in Richtung Löwe, so treffen Sie etwa in der Mitte zwischen Cor Caroli und Denebola auf den sogenannten Coma-Haufen. Dieser Offene Sternhaufen enthält rund zehn hellere Sterne und ist sehr aufgelockert. Am Stadthimmel ist er am besten in einem kleinen Fernglas zu sehen, für größere Gläser oder gar Teleskope ist der Haufen zu ausgedehnt.

LandhimmelTipp

✏ Strudelgalaxie (M 51) ✷

Diese wunderschöne Galaxie ist kein Beobachtungsobjekt für den Stadthimmel, sie ist jedoch so berühmt, dass sie in diesem Buch nicht fehlen soll: die Strudel- oder Whirlpool-Galaxie M 51 in den Jagdhunden. Fast schon im Sternbild Großer Bär gelegen, finden Sie sie von den Jagdhunde-Sternen ausgehend auf etwa zwei Drittel des Weges zum letzten Deichselstern des Großen Wagens. In einem kleinen Teleskop können Sie unter einem dunklen Himmel schon einen milchigen Nebel um das helle Galaxienzentrum sichten, erst in einem großen Teleskop treten auch Ansätze von Spiralarmen und die kleinere Galaxie besser hervor. Nur auf Fotos jedoch erkennt man die Spiralgalaxie und ihre Begleiterin in voller Schönheit.

✷✷✷ einfach ✷✷ mittel ✷ schwierig

FRÜHLING 3 • WISSENSWERTES

Löwe, Jagdhunde

❶ Sternbild Löwe

Der Löwe ist das markanteste und schönste aller Frühlingssternbilder. Schon die alten Griechen sahen in dieser Sternanordnung einen Löwen. In der Mythologie stellt er das Untier von Nemea dar, das Stadt und Umkreis verwüstete und schließlich vom Helden Herkules in der ersten seiner zwölf großen Aufgaben getötet wurde.

Nikolaus Kopernikus taufte den Löwen-Hauptstern auf den lateinischen Namen Regulus, übersetzt bedeutet dies „kleiner König". Regulus leuchtet bläulich weiß und zählt mit einer Entfernung von 77 Lichtjahren noch zu den Nachbarsternen unserer Sonne. Wir sehen ihn heute so, wie er in den 1930er-Jahren ausgesehen hat, denn so lange benötigte das Licht für die Reise von dem leuchtkräftigen Stern. Regulus strahlt 130-mal heller als die Sonne; stünde sie in seiner Entfernung, wäre sie mit bloßem Auge gar nicht mehr zu erkennen. Denebola, der blauweiße Schwanzstern des Löwen, ist mit rund 36 Lichtjahren nur halb so weit entfernt wie der Löwe-Hauptstern.

Regulus ist ein weiter Doppelstern. Allerdings ist sein Begleiter sehr lichtschwach, im Fernglas wird er von der hellen Hauptkomponente völlig überstrahlt. Trotz ihres großen gegenseitigen Abstandes lassen sich die beiden Regulus-Sterne daher erst im Teleskop trennen. Da Regulus genau auf der Ekliptik steht, in deren Nähe sich auch Mond und Planeten stets aufhalten, wird er gelegentlich vom Erdtrabanten oder selten auch von einem Planeten bedeckt.

Der berühmte Sternschnuppenstrom der Leoniden, der jeden November auftritt, scheint dem Sternbild Löwe (lat.: Leo) zu entspringen und hat daher seinen Namen.

❷ Doppelstern Algieba und 40 Leonis (40 Leo)

Algieba ist, mit einem Teleskop betrachtet, einer der schönsten Doppelsterne am Himmel. Sein arabischer Name bedeutet „Mähne des Löwen". Der Doppelstern besteht aus zwei goldgelben Riesen, die einander in rund 620 Jahren umkreisen. Die Entfernung des Pärchens beträgt 125 Lichtjahre. Der Stern 40 Leonis, den man im Fernglas nahe bei Algieba erkennt, ist ein unabhängiger Stern, er ist mit seiner Schwerkraft nicht an das Algieba-System gebunden.

In einem Teleskop lässt sich der hübsche Doppelstern Algieba in zwei Komponenten auflösen.

❸ Sternbild Jagdhunde

Das Sternbild Jagdhunde ist ein neuzeitliches Sternbild, das erst im 17. Jahrhundert von dem Danziger Ratsherren und Amateurastronomen Johannes Hevelius eingeführt wurde. Es stellt zwei Hunde dar, die vom benachbarten Rinderhirten Bootes (Tour 4) an einer Leine geführt werden. Der hellste Stern trägt den Namen Cor Caroli, was übersetzt „das Herz Karls'" bedeutet. Auf diesen Namen taufte Hevelius den Stern zur Erinnerung an den englischen König Charles II, der 1660 in London die Monarchie wieder einführte. Angeblich soll der Hauptstern der Jagdhunde zu dieser Zeit besonders hell geleuchtet haben. Auch Cor Caroli ist ein Doppelstern, mit einem kleinen Teleskop kann er getrennt werden: Dabei leuchtet die hellere Komponente bläulich weiß, die schwächere rein weiß. Der Stern ist rund 110 Lichtjahre entfernt.

❹ Doppelstern 17, 15 Canum Venaticorum (17, 15 CVn)

Die Sterne 17 und 15 CVn in den Jagdhunden scheinen nur nah beieinander zu stehen, in Wirklichkeit trennen sie jedoch „Welten": Während 17 CVn nur 200 Lichtjahre von uns entfernt steht, befindet sich 15 CVn in rund 1000 Lichtjahren Entfernung.

❺ Coma-Sternhaufen

Unser letztes Tourziel liegt im Sternbild Haar der Berenike, das den lateinischen Namen Coma Berenices trägt.

Figürliche Darstellung des Sternbildes Löwe. Der Hauptstern Regulus symbolisiert das Herz der Raubkatze.

Der verstreute Coma-Sternhaufen ist am besten im Opernglas oder einem kleinen Fernglas zu sehen, für größere Instrumente ist er nicht geeignet.

Für Stadtbeobachter ist das Sternbild kein geeignetes Ziel, da es außerordentlich unauffällig ist. Aber auch die verstreute Sterngruppe, die nach dem lateinischen Namen des Sternbildes als Coma-Sternhaufen bezeichnet wird, entfaltet ihre Wirkung noch besser, wenn man sie unter einem dunklen Himmel auf dem Land beobachtet. Der Haufen umfasst rund 50 Sterne und ist 290 Lichtjahre entfernt, er steht uns damit näher als die berühmten Plejaden im Sternbild Stier (Wintertour 2). Der Coma-Haufen trägt auch die Bezeichnung Melotte 111, kurz Mel 111, nach dem britischen Astronomen Philibert Jacques Melotte, der im Jahr 1915 einen Katalog vieler großer und gut sichtbarer Sternhaufen erstellte. Mel 111 ist nach den Hyaden im Stier (Wintertour 2) der zweitgrößte und zweitnächste Sternhaufen am Himmel.

In der griechischen Mythologie verkörpert der silbrig glänzende Haufen das Haar der Königin Berenike von Ägypten. Als ihr Gemahl, König Ptolemaios III., in den dritten syrischen Krieg zog, versprach Berenike ihr prachtvolles Haar zu opfern, wenn der König siegreich und unversehrt heimkehren sollte. Ptolemaios siegte, und Berenike schnitt ihr Haar ab und brachte es in einem Tempel dar. Von dort versetzten es die Götter an den Himmel.

Strudelgalaxie (M 51)

Die berühmte Strudelgalaxie M 51 im Sternbild Jagdhunde ist eine der schönsten Spiralgalaxien am ganzen Himmel. Wir blicken frontal auf ihre Scheibenebene, die Spiralstruktur tritt daher – vor allem auf Fotos – gut hervor. Vom irischen Astronomen Lord Rosse wurde sie im Jahr 1845 auf den Namen Whirlpool-Galaxy (engl., Strudelgalaxie) getauft, nachdem er als Erster ihre spiralförmige Struktur erkannt hatte. Entdeckt wurde der „Nebel" bereits im Jahr 1773 von dem französischen Astronomen Charles Messier, der ihn etwas später als Nummer 51 in seinen Katalog aufnahm.

Die Hauptgalaxie wird von einer kleinen Satellitengalaxie begleitet, die scheinbar am Ende eines ihrer Spiralarme steht. In Wirklichkeit befindet sich die kleinere Galaxie rund 500.000 Lichtjahre hinter der großen Spirale. Vor einigen hundert Millionen Jahren kam es vermutlich zu einer engen Begegnung der beiden Sternsysteme. Dabei hat die kleinere Komponente viel Materie verloren und den Spiralarm der größeren Galaxie mitgezogen. Auch das zerfranste Aussehen der kleinen Begleiterin stammt aus dieser Zeit, in der die Schwerkrafteinflüsse der großen Schwester immens waren. In der Hauptgalaxie hingegen wurde die Sternentstehung angefacht. Auf Fotos ist dies wunderschön an den hellen, blauen Sternen und den rötlichen Gasnebeln entlang der Spiralarme zu verfolgen. Dort bilden sich junge, massereiche Sterne, deren Leben aber mit einigen Millionen Jahren nur vergleichsweise kurz sein wird. Beide Galaxien befinden sich in rund 28 Millionen Lichtjahren Entfernung und tragen gemeinsam die Bezeichnung M 51.

Das Galaxiensystem M 51. Durch die enge Begegnung der beiden Sternsysteme wurde die kleinere Komponente zerfranst, während die große eine besonders schöne Spiralstruktur ausbildete.

FRÜHLING 4 • HIMMELSTOUR

Bootes, Nördl. Krone, Jungfrau

SICHTBARKEIT		
Ende März – April	**Mai – Anfang Juni**	Mitte Juni – Anfang Juli
22 Uhr, Osten	**22 Uhr, Süden**	22 Uhr, Westen

Tour 4 führt uns in die Umgebung der Frühlingssternbilder Bootes und Jungfrau. Wegen ihrer horizontnahen Stellung ist besonders die Jungfrau nicht ganz einfach zu erkennen. In beiden Sternbildern fallen vor allem die hellen Hauptsterne auf.

❶ 👁 Sternbild Bootes ✶✶✶

Wir starten bei Arktur, dem östlichen Eckpunkt des Frühlingsdreiecks und Hauptstern im Bootes. Legen Sie dazu den Kopf weit in den Nacken, und suchen Sie zunächst den Großen Wagen, der im Frühjahr fast im Zenit steht. Arktur ist leicht zu finden, indem Sie den Bogen der Wagendeichsel gedanklich etwa anderthalbmal in Südrichtung verlängern. Der helle, orangefarbene Bootes-Hauptstern leuchtet dort halbhoch am Himmel. Stellen Sie sich Arktur als Kragenknopf eines Hemdes vor, so formt der Rest des Sternbildes eine riesige Krawatte, die mit dem dreieckigen Ende nach oben steht.

❷ Doppelstern Mü Bootis (μ Boo) ✶✶

Für Fernglasbeobachter ist μ Boo ein interessanter Doppelstern. Suchen Sie zunächst den Stern δ Boo: Er bildet die linke obere Ecke der Sternbildkontur, er steht also dort, wo das dreieckige „Krawattenende" beginnt. Wandern Sie von δ Boo parallel zur Krawatte gut zwei Fingerbreit nach oben, so erreichen Sie μ Boo. Mit dem Fernglas können Sie bequem zwei unterschiedlich helle Sterne erkennen. Die hellere Komponente strahlt gelblich, die etwas schwächere leicht bläulich.

❸ 👁 Sternbild Nördliche Krone ✶✶

Vom Bootes aus schwenken wir nun Richtung Osten. Hier steht in nicht einmal einer Handbreit Entfernung ein nach oben geöffneter Sternhalbkreis: das Sternbild Nördliche Krone. In seiner Mitte leuchtet ein hellerer Stern, Gemma, der Hauptstern der Krone.

❹ Kugelsternhaufen M 3 ✶✶

Unser nächstes Fernglasziel ist der hübsche Kugelsternhaufen M 3, der schon zum Sternbild Jagdhunde zählt, nordwestlich vom Bootes. Starten Sie bei Arktur, und wandern Sie am Bootes-„Hemdkragen" entlang nach rechts, so gelangen Sie zunächst zum Stern η Boo. Nehmen Sie die Strecke Arktur – η Boo als Basis und zweigen von dort rechtwinklig nach oben ab: Etwa auf halber Strecke zwischen Arktur und Cor Caroli, dem Hauptstern der Jagdhunde, erreichen Sie M 3. Im Fernglas zeigt sich der Kugelsternhaufen als kleines, milchiges Fleckchen, das im Vergleich zu den umstehenden Sternen etwas flächig erscheint. Ein benachbarter Stern, der mit dem bloßen Auge nicht sichtbar ist, ist im Fernglas ein guter Orientierungspunkt. Mit einem Teleskop lohnt sich eine hohe Vergrößerung, in einem großen Instrument können Sie dann am Rand Einzelsterne erkennen.

❺ Kugelsternhaufen M 5 ✶

Auch links vom Bootes lässt sich mit dem Fernglas ein Kugelsternhaufen aufstöbern: Es ist M 5 im Sternbild Schlange. Um ihn zu finden, schwenken Sie vom Bootes wieder zur Nördlichen Krone. Eine Handbreit weiter unten erkennen Sie ein kleines Sterndreieck – den Kopf der Schlange. Etwa zwei Fingerbreit südwestlich davon treffen Sie auf einen weiteren Schlangenstern. Verlängern Sie diese Strecke noch einmal um dieselbe Länge nach unten, so gelangen Sie zu M 5. Der Kugelhaufen zeigt sich als nebliger Fleck im Fernglas, in einem größeren Teleskop sind – ähnlich wie bei M 3 – am Rand Einzelsterne auszumachen.

❻ 👁 Sternbild Jungfrau ✶✶

Verlängern Sie nun den Bogen der Deichsel des Großen Wagens noch über Arktur hinaus, so treffen Sie rund zwei Handbreit über dem Südhorizont auf den auffälligen, bläulich weißen Jungfrau-Hauptstern Spika. Der Rest dieses unscheinbaren Sternbilds liegt oberhalb von Spika. Stellen Sie sich die Jungfrau liegend vor, dann finden Sie rechts oberhalb von Spika ihren Oberkörper und links ihre Beine. Die Jungfrau ist groß, sie umfasst etwa zwei Handbreit in der Höhe und fünf in der Waagerechten.

32 ✶✶✶ einfach ✶✶ mittel ✶ schwierig

FRÜHLING 4 • WISSENSWERTES

Bootes, Nördl. Krone, Jungfrau

❶ Sternbild Bootes

Das griechische Wort Bootes bedeutet übersetzt „Rinderhirte" oder „Ochsentreiber". In der antiken Vorstellung treibt der Bootes sieben Dreschochsen an – repräsentiert durch die sieben Sterne des Großen Wagens –, die stetig den Polarstern umlaufen. Der Name Arktur bedeutet „Bärenhüter", häufig wird diese Bezeichnung auch für das ganze Sternbild verwendet. Sie drückt die Nähe zu den Sternbildern Großer und Kleiner Bär (Tour Frühling 5 und Sommer 9) aus. Arktur gehört zu den vier hellsten Sternen am Himmel. Sein Licht zeigt eine orangefarbene Tönung, er zählt zur Klasse der Roten Riesen. Der Stern ist 20-mal so groß wie unsere Sonne und strahlt über 100-mal heller als sie. Neben seiner hohen Leuchtkraft resultiert sein Glanz aber auch aus seiner Nähe: Mit nur 37 Lichtjahren Entfernung steht er uns recht nah.

Arktur besitzt aber noch eine weitere, besondere Eigenschaft: Er „flitzt" sozusagen über den Himmel. Obwohl „Fix"sterne eigentlich dem Namen nach am Himmel fest stehen sollten, zeigen sie im Laufe der Jahre kleine, mit dem bloßen Auge nicht sichtbare Positionsänderungen am Firmament. Im Unterschied zu vielen anderen Sternen, die ihre Position über Tausende Jahre nicht merklich verändern, legt Arktur in einem Zeitraum von knapp 800 Jahren eine Strecke von rund einem Vollmonddurchmesser zurück.

Der Rinderhirte Bootes treibt in der antiken Vorstellung die sieben Dreschochsen an, die durch die Sterne des Großen Wagens repräsentiert werden.

❷ Doppelstern Mü Bootis (μ Boo)

Der Doppelstern μ Boo ist rund 120 Lichtjahre entfernt und eigentlich ein Dreifachsystem. Im Fernglas sind zwar nur zwei Sterne getrennt zu sehen, der schwächere der beiden besteht aber in Wirklichkeit wiederum aus zwei Sternen. Um sie zu trennen, benötigt man ein großes Teleskop, denn hier stehen zwei lichtschwache Sternchen eng beisammen.

❸ Sternbild Nördliche Krone

Die Nördliche Krone ist ein kleines, aber sehr markantes Sternbild. Ihr geschwungenes Sternrund erinnert an ein glitzerndes Diadem. Der lateinische Name des Hauptsterns Gemma bedeutet übersetzt „Edelstein", er ist 75 Lichtjahre entfernt. Das Wort „Nördlich" im Sternbildnamen deutet schon an, dass es auch am Südhimmel eine Krone gibt, die Südliche Krone. Der Mythologie nach repräsentieren die Sterne der Nördlichen Krone die Juwelenkrone der Ariadne, Tochter des Königs Minos von Kreta. Mit Ariadnes Hilfe bezwang der Held Theseus das Ungeheuer Minotaurus.

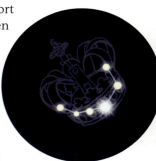

Der Hauptstern Gemma ist der funkelnde Edelstein in der Nördlichen Krone.

❹ Kugelsternhaufen M 3

M 3 ist einer der schönsten Kugelsternhaufen am Himmel. Mit einer halben Million Mitglieder ist er sehr sternreich und befindet sich in großer Entfernung:

Der Anblick eines Kugelhaufens in einem großen Teleskop ist überwältigend – wie hier bei M 3 in den Jagdhunden.

32.000 Lichtjahre trennen uns von ihm. Entdeckt wurde er im Jahr 1764 von Charles Messier, der ihn als dritten Eintrag seinem Katalog „nebliger Objekte" hinzufügte. Beim Blick durch ein großes Teleskop – in einer Volkssternwarte zum Beispiel – bietet M 3 wie alle Kugelsternhaufen mit vielen aufgelösten Einzelsternen einen prachtvollen Anblick.

5 Kugelsternhaufen M 5

Auch M 5 zählt zu den prächtigsten Kugelsternhaufen am Himmel. Seinen Glanz bringt auch er vor allem in größeren Teleskopen mit zahlreichen Sterngruppen und -ketten zur Geltung. M 5 ist sogar der hellste Kugelsternhaufen am nördlichen Himmel, heller noch als der frühsommerliche Paradehaufen M 13 im Sternbild Herkules. Dennoch ist er nicht so bekannt wie jener, da er schwieriger zu finden ist und tiefer am Himmel steht. Dadurch steigt er nie sehr hoch über den aufgehellten und dunstigen Horizont, mitunter steht auch der Mond nicht weit von ihm und lässt ihn in seinem Licht verblassen. Ebenso wie M 3 ist M 5 sehr sternreich, mit „nur" 25.000 Lichtjahren Entfernung steht er uns etwas näher und erscheint ein wenig größer und heller als M 3. M 5 wurde bereits 1702 von dem Königlichen Astronomen Gottfried Kirch und seiner Ehefrau Maria entdeckt. Charles Messier fand ihn unabhängig davon später wieder und nahm ihn 1764 in seinen Katalog auf.

6 Sternbild Jungfrau

Die Jungfrau ist das zweitgrößte Sternbild am Himmel und das größte der 13 Tierkreissternbilder. Wie auch einige andere Tierkreisbilder galt die Jungfrau in früheren Zeiten als wichtige Kalendermarke: Wenn sie nach Wochen der Unsichtbarkeit im September erstmals wieder am Morgenhimmel auftauchte, war die Zeit der Ernte gekommen. Die Jungfrau gilt daher als Symbol der Fruchtbarkeit, oft wird sie als Demeter, die Göttin des Getreides, dargestellt und hält eine Kornähre in der Hand. Die Sonne hält sich zum Zeitpunkt der Herbsttagundnachtgleiche in der Jungfrau auf, sie passiert dann den sogenannten Herbstpunkt. Dort überschreitet sie den Himmelsäquator von Nord nach Süd, auf der Nordhalbkugel der Erde beginnt damit der Herbst. Der Herbstpunkt lag in der Antike noch im Sternbild Waage und heißt daher auch Waagepunkt.

Berühmt ist die Jungfrau für eine Vielzahl von Galaxien, die sich auf ihrem Gebiet befinden: Es sind Mitglieder des Virgo-Galaxienhaufens (Virgo: lat., Jungfrau), der mindestens 2500 Galaxien, also fremde Milchstraßensysteme, enthält. Der Virgo-Haufen ist der größte Galaxienhaufen in der Nähe unseres eigenen Haufens, der Lokalen Gruppe, die sich aus der Milchstraße, der großen Andromeda-Galaxie und rund 30 kleineren Galaxien zusammensetzt. Mit 60 Millionen Lichtjahren

Der Kugelsternhaufen M 5 ist zwar heller als der berühmte Kugelhaufen M 13 im Herkules, er hat jedoch eine weniger günstige Beobachtungsposition am Himmel.

Entfernung ist der Virgo-Haufen auch der uns nächststehende Galaxienhaufen. Unter einem dunklen Himmel können einige seiner Mitglieder mit einem Teleskop als schwache Lichtflecke beobachtet werden, elf davon sind im Messier-Katalog erfasst.

Der Jungfrau-Hauptstern Spika zählt zu den hellsten Sternen des Himmels. Ihr Name bedeutet übersetzt „Kornähre" – sie symbolisiert die Ähre, die die Göttin Demeter in der Hand hält. Mit rund 260 Lichtjahren Entfernung ist Spika sehr viel weiter weg als Arktur. Dass sie am Himmel dennoch so hell wirkt, verdankt sie ihrer riesigen Leuchtkraft: Sie strahlt über 2000-mal heller als unsere Sonne. Auch ihre Oberflächentemperatur ist enorm: Mit gut 20.000 Grad ist Spika einer der heißesten der hellen Sterne am Himmel. Die hohe Temperatur ist auch der Grund für ihre bläuliche Farbe, im Unterschied zum erheblich „kühleren", rötlich leuchtenden Arktur.

Die Jungfrau wird oft durch die Göttin Demeter symbolisiert, die als Zeichen der Fruchtbarkeit eine Kornähre trägt.

FRÜHLING 5 • HIMMELSTOUR

Großer Wagen, Kleiner Wagen

SICHTBARKEIT		
Februar – März	**April – Juni**	Juli – September
22 Uhr, Nordosten	**22 Uhr, Norden**	22 Uhr, Nordwesten

Mit der letzten Tour im Frühling werfen wir einen Blick zum Nordhimmel. Dort sind die Sternbilder Großer und Kleiner Bär zu finden, deren hellste Sterne landläufig auch als Großer und Kleiner Wagen bezeichnet werden.

❶ 👁 Sternanordnung Großer Wagen ✶✶✶

Der Große Wagen besteht aus sieben hellen Sternen, von denen vier die Form eines Wagenkastens haben und drei eine Wagendeichsel bilden. Im Frühjahr steht diese bekannte Sternanordnung hoch am Himmel, fast im Zenit – der Wagen hängt jedoch auf dem Kopf.

❷ 👁 Sternanordnung Kleiner Wagen ✶✶

Den Polarstern, den Hauptstern des Kleinen Wagens, finden Sie am Himmel sehr einfach. Gehen Sie dazu vom Großen Wagen aus und verlängern Sie die Verbindungslinie der beiden hinteren Wagensterne fünfmal weg von den gedachten Wagenrädern (zurzeit also Richtung Horizont). Dann treffen Sie auf den Polarstern, einen Stern mittlerer Helligkeit, der in einem ansonsten recht sternleeren Gebiet steht. Der Kleine Wagen besitzt wie der Große Wagen einen Wagenkasten aus vier Sternen und eine Deichsel aus drei Sternen, der Polarstern steht an der Deichselspitze. Die Deichsel hat jedoch – anders als beim Großen Wagen – keinen Knick, sondern beschreibt einen nach unten gewölbten Bogen aus lichtschwächeren Sternen. Unter städtischem Himmel ist der Bogen mit bloßem Auge schwer zu erkennen, leichter zu finden sind die Sterne des Wagenkastens: Etwa eine Handbreit rechts oberhalb des Polarsterns sind zumindest die beiden hinteren Kastensterne mit bloßem Auge gut zu sehen, die beiden anderen sind deutlich lichtschwächer.

❸ ⚡ Doppelstern Eta, 19 Ursae Minoris (η, 19 UMi) ✶✶

Der schwächste Stern des Wagenkastens ist unser nächstes Ziel, er befindet sich am Kastenviereck links unten. η UMi, so seine Katalogbezeichnung, bildet mit dem nahestehenden Stern 19 UMi einen weiten, im Fernglas mühelos erkennbaren Doppelstern. 19 UMi ist noch etwas lichtschwächer als η UMi und leuchtet bläulich im Vergleich zum weißlichen Kastenstern.

❹ ⚡ Doppelstern Pherkad, 11 Ursae Minoris (11 UMi) ✶✶

Auch Pherkad, ein hellerer Kastenstern des Kleinen Wagens, hat einen nahestehenden Nachbarn zu bieten: Er selbst bildet das rechte Wagenrad, direkt neben ihm steht der deutlich lichtschwächere Stern 11 UMi. Mit dem Fernglas lassen sich die beiden trennen, dabei scheint 11 UMi leicht rötlich im Vergleich zum bläulichen Pherkad.

Info

👁 Großer Wagen – Kassiopeia ✶✶✶

Der Große Wagen, der Polarstern und das Sternbild Kassiopeia sinken in unseren Breiten niemals unter den Horizont. Beobachten können Sie sie also in jeder klaren Nacht, sie wechseln lediglich ihre Stellung am Himmel. Da diese Formationen durch verhältnismäßig helle Sterne gebildet werden und sehr einprägsam sind, eignen sie sich perfekt als ganzjährige Orientierungshilfen, sofern Sie einen Blick an den Nordhimmel werfen können.

Wenn Sie die Verbindungslinie der beiden hinteren (linken) Kastensterne des Großen Wagens fünfmal Richtung Horizont verlängern, so treffen Sie zunächst auf den Polarstern. Er gehört zum Sternbild Kleiner Bär, das in dieser Tour vorgestellt wird. Verlängern Sie die gedachte Linie über den Polarstern hinweg weiter Richtung Horizont, dann finden Sie das Sternbild Kassiopeia, dessen fünf hellste Sterne den Buchstaben „W" formen. Die mittlere Spitze des „W" zeigt zum Polarstern. Das Himmels-W, wie die Kassiopeia auch genannt wird, steht dem Großen Wagen stets gegenüber, mit dem Polarstern in der Mitte. Im Frühling erreicht der Große Wagen seine höchste Stellung am Himmel, die Kassiopeia hingegen ihre tiefste – die beiden Sternanordnungen befinden sich in „Oben-Unten-Stellung".

✶✶✶ einfach ✶✶ mittel ✶ schwierig

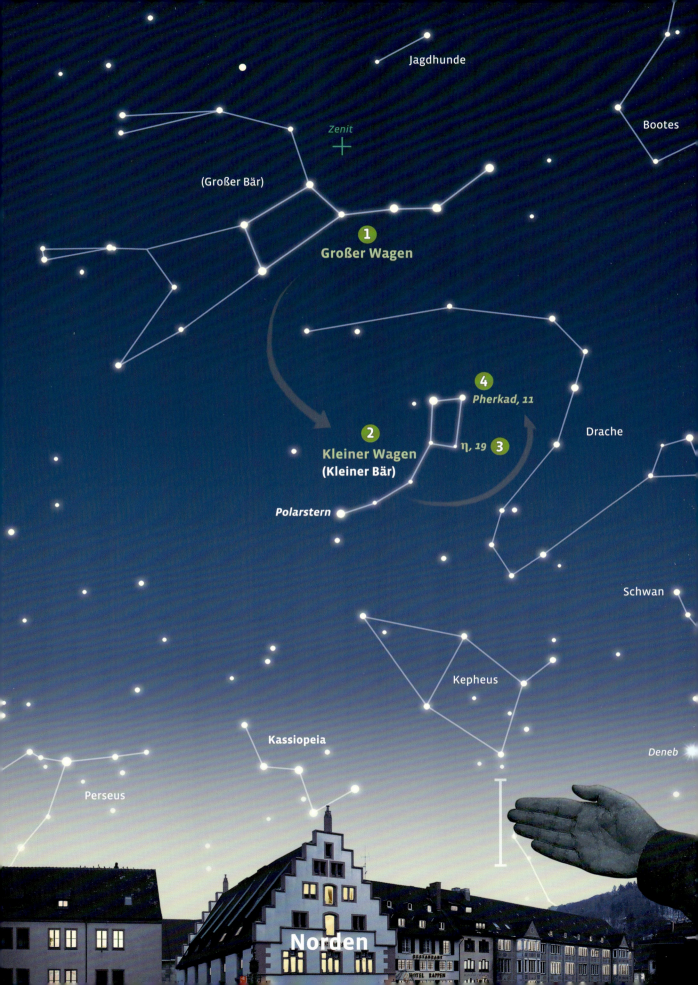

Großer Wagen, Kleiner Wagen

❶ Sternanordnung Großer Wagen

Die Sternbilder, die in den vier nach Norden ausgerichteten Touren in diesem Buch beschrieben werden (S. 36, 72, 92, 120), sind zirkumpolar (s. Kasten rechte Seite). Die bekanntesten sind bei uns der Große Wagen, der Kleine Wagen und die Kassiopeia. Sie können diese Sternbilder also – je nach Ihren persönlichen Sichtbedingungen – auch zu anderen Zeiten beobachten als vorgeschlagen. Jedoch ist dann ihre Beobachtung möglicherweise nicht so bequem, da sie fast im Zenit oder sehr nah am Horizont stehen. Der Große Wagen wird ausführlich in der Sommertour 9 beschrieben.

❷ Sternanordnung Kleiner Wagen

Das Sternbild Kleiner Bär war schon dem griechischen Gelehrten Thales von Milet um 600 v.Chr. bekannt, häufig wird es auch als Kleiner Wagen bezeichnet. Wie der Große Wagen gilt aber auch der Kleine Wagen nicht als offizielles Sternbild. Der Große und der Kleine Bär, wie die Sternbilder korrekt heißen, repräsentieren eigentlich zwei Bärinnen, dabei steht die Große Bärin für die Nymphe Kallisto, eine Geliebte des Göttervaters Zeus. Als dessen Gattin Hera von dieser Affäre hörte, verwandelte sie Kallisto aus Eifersucht in eine Bärin. Fast wäre Kallisto in Bärengestalt von ihrem eigenen Sohn Arkas bei der Jagd getötet worden, hätte nicht Zeus sie schnellstens –

Der Kleine Wagen ist dem Großen Wagen von der Form her sehr ähnlich, er ist jedoch kleiner und lichtschwächer.

gemeinsam mit ihrer Zofe (der Kleinen Bärin) – an den Himmel versetzt und damit gerettet.

Der Kleine Wagen wirkt wie eine Miniaturausgabe des Großen Wagens, jedoch sind die meisten seiner Sterne deutlich lichtschwächer. Am aufgehellten Stadthimmel sind sie daher nicht einfach zu erkennen, meist werden Sie nur die drei hellsten gut sehen können. Dazu zählt der Polarstern an der Spitze der Wagendeichsel, der etwa so hell leuchtet wie die Sterne des Großen Wagens. Der Kleine Wagen ist wegen seiner unterschiedlich hellen Sterne aber sehr gut geeignet, um die Dunkelheit und Transparenz des Himmels abzuschätzen: Unter besten Sichtbedingungen, z. B. einem dunklen Gebirgshimmel, können Sie alle sieben Sterne der Figur mit bloßem Auge erkennen. Je heller der Himmel oder je schlechter die Durchsicht ist, umso weniger Sterne des Kleinen Wagens sehen Sie.

Der Kleine Bär ist das nördlichste Sternbild überhaupt, er beherbergt den Himmelsnordpol, der durch die gedachte Verlängerung der Erdachse an den Himmel festgelegt ist. In

Als Abbild der Erddrehung dreht sich um den Polarstern einmal in rund 24 Stunden das gesamte Himmelszelt.

unmittelbarer Nähe des Pols steht rein zufällig ein hellerer Stern, der Polarstern, der dieser Lage seinen Namen verdankt. Um ihn herum scheint sich einmal in rund 24 Stunden das gesamte Himmelszelt zu drehen – der Polarstern ist der einzige Stern, der an dieser Drehung nicht teilnimmt. Seine Höhe am Himmel ist abhängig von der geografischen Breite des Beobachtungsortes: Je weiter nördlich Sie sich befinden, desto höher steht der Polarstern am Himmel. Da er an einem festen Ort aber immer an derselben Stelle steht, können Sie sich seine Position auch anhand von irdischen Markierungen merken, vielleicht in Bezug zu einem Hausdach oder einem Turm. Wegen der langfristigen Kreiselbewegung der Erdachse, der Präzession, wird der Polarstern jedoch nicht immer in Polnähe stehen und die Nordrichtung angeben. In 10.000 Jahren wird diese Rolle der helle Stern Deneb im Schwan übernehmen, in 14.000 Jahren Wega in der Leier.

Der Polarstern, der auch den Namen Polaris trägt, steht in rund 450 Lichtjahren Entfernung, er ist ein gelbweißer Überriese mit rund 2500-facher Sonnenleuchtkraft. Mit dem Polarstern können Sie an jedem fremden Ort leicht die Himmelsrichtungen identifizieren: Fällen Sie von ihm aus gedanklich ein Lot Richtung Horizont, so blicken Sie nach Norden, links von Ihnen ist dann Westen, rechts Osten und hinter Ihnen liegt Süden. Besitzen Sie ein kleines Teleskop, so richten Sie es auch einmal auf den Polarstern: Mit rund 40-facher Vergrößerung zeigt sich dann ein Ring aus Sternen, an dem Polaris wie ein Brillant hängt.

❸ Doppelstern Eta, 19 Ursae Minoris (η, 19 UMi)

Der schwächste Kastenstern η UMi steht in 97 Lichtjahren Entfernung. Unter einem dunklen Landhimmel ist er zusammen mit seinem Nachbarn 19 UMi schon mit bloßem Auge als Doppelstern auszumachen. Die beiden Sterne scheinen jedoch nur beisammen zu stehen, in Wahrheit ist 19 UMi mit 670 Lichtjahren viel weiter entfernt als η UMi.

Die Sterne η (rechts) und 19 UMi bilden einen weiten Doppelstern im Kleinen Wagen.

❹ Doppelstern Pherkad, 11 Ursae Minoris (11 UMi)

Pherkad und 11 UMi bilden ebenfalls einen weiten optischen (scheinbaren) Doppelstern. Während Pherkad selbst ein blauweißer Überriese in 480 Lichtjahren Entfernung ist, handelt es sich beim nur 390 Lichtjahre entfernten Stern 11 UMi um einen orangefarbenen Riesenstern. Mit dem Fernglas sind die beiden Sterne gut zu trennen, mit dem bloßem Auge ist dies jedoch auch unter einem dunklen Himmel schwierig, da 11 UMi im Vergleich zu Pherkad sehr lichtschwach ist. 11 UMi trägt auch den Namen Pherkad Minor, was so viel heißt wie „Kleiner Pherkad".

Die Zirkumpolarsternbilder sind in jeder klaren Nacht am Nordhimmel zu sehen.

Info

Zirkumpolarsterne

In unseren Breiten gibt es Sterne, die niemals untergehen, man nennt sie Zirkumpolarsterne. Das Wort „zirkumpolar" bedeutet „um den Himmelspol herum", die Sterne umkreisen den Pol also auf so engen Bahnen, dass sie den Horizont nie erreichen. Ob ein Stern zirkumpolar ist oder nicht, hängt demnach von seiner Entfernung vom Himmelspol ab, von seinem Abstand zum Polarstern also. In der Astronomie misst man Abstände am Himmel als Winkel, wobei die Winkelschenkel beim Betrachter zusammenlaufen. Zirkumpolar sind dann alle diejenigen Sterne, deren Distanz zum Himmelspol kleiner ist als die Höhe des Polarsterns über dem Horizont, die stets genau der lokalen, geografischen Breite entspricht.

An den Polen der Erde sind alle Sterne zirkumpolar, sie kreisen auf parallelen Bahnen zum Horizont über den Himmel, während der Polarstern im Zenit steht. Am Äquator hingegen gibt es keine Zirkumpolarsterne, alle Sterne gehen täglich auf und unter. Beide Himmelspole stehen dort am Horizont. In allen Breiten zwischen dem Äquator und den Polen hingegen gibt es Zirkumpolarsterne und Sterne, die auf- und untergehen.

SOMMER 1 • HIMMELSTOUR

Sommerdreieck

SICHTBARKEIT		
Juni – Juli	**August**	September – Oktober
22 Uhr, Osten	**22 Uhr, Süden**	22 Uhr, Westen

Auch der Sommerhimmel hat drei auffällig helle Sterne zu bieten: Es sind Wega, Deneb und Atair, die das gut erkennbare Sommerdreieck bilden. Mitten durch diese Figur verläuft die Milchstraße, die sich in der Stadt vor allem für Fernglasstreifzüge eignet.

❶ 👁 Stern Wega ✦✦✦

Wega, der Hauptstern in der Leier, ist im Sommer sehr einfach zu finden: Hoch über unseren Köpfen, fast im Zenit, leuchtet er als auffällig helles, bläuliches Gestirn. Das Sternbild der Leier wird in der Sommertour 3 beschrieben.

❷ 👁 Stern Deneb ✦✦✦

Rund zwei Handbreit weiter östlich und noch höher am Himmel finden Sie Dreieckstern Nummer 2: den weißlichen Deneb, Hauptstern im Schwan. Das große, markante Sommersternbild Schwan wird in der siebten Tour vorgestellt.

❸ 👁 Stern Atair ✦✦✦

Etwa auf halber Höhe zwischen Südhorizont und Zenit ist der dritte Eckstern zu finden: Es ist Atair, der Hauptstern im Adler (Tour 6).

❹ 👁 Sommerdreieck ✦✦✦

Das Sommerdreieck ist die prägende Figur des Sommerhimmels, aufgespannt wird es durch die drei genannten Sterne Wega, Deneb und Atair. Der hellste der drei ist der Leier-Hauptstern Wega, er strahlt ähnlich hell wie der orangefarbene Frühjahrsstern Arktur. Deneb bildet den höchsten Eckstern des Dreiecks, Atair befindet sich knapp drei Handbreit darunter. Er formt die Dreieckspitze, die zum Südhorizont weist. Deneb und Wega stehen hoch am Himmel, Deneb ist in unseren Breiten sogar zirkumpolar. Das bedeutet, dass er niemals untergeht, selbst im Winter ist er knapp über dem Nordhorizont zu finden. Ab Juni ist das Sommerdreieck vollständig am Himmel zu sehen. Im August steht es hoch im Süden und dominiert selbst in den folgenden Wochen noch den Himmel, da der Herbst nur wenig helle Sterne zu bieten hat. Zu sehen ist das Sommerdreieck bis weit in den Spätherbst hinein.

Sterne beobachten im Sommer

Im Sommer wird es erst sehr spät dunkel, in nördlichen Breiten gehen Abend- und Morgendämmerung sogar nahtlos ineinander über. Es ist die Zeit der „hellen Nächte". Für die Himmelsbeobachtung ist das nicht ideal. Andererseits sind die Sommernächte meist lau und laden geradezu dazu ein, abends beim Grillen dem Hereinbrechen der Nacht zuzuschauen. Als Erstes tauchen dann die beiden hellen Sterne Arktur und Wega auf, bald gefolgt von den restlichen Komponenten des Sommerdreiecks. Legen Sie sich in einen Liegestuhl, dann können Sie auch die hoch stehenden Sterne beobachten, ohne sich einen steifen Nacken zu holen. Auch ein Fernglas können Sie so ruhiger halten, wenn Sie die Arme bei der Beobachtung auf die Armstützen absetzen. In den Nächten um Mitte August herum können Sie so bequem auf Sternschnuppen warten, denn dann zeigt der Sternschnuppenstrom der Perseiden seine maximale Aktivität. Idealerweise sollten Sie nicht gerade bei hellem Mondlicht beobachten.

Tipp

⚡ Das Band der Milchstraße ✦✦

Im Sommer zieht sich das Band der Milchstraße in hohem Bogen über den Himmel: Es verläuft vom Südhorizont über den Zenit bis herab zum Nordhorizont. Unter einem dunklen Landhimmel können Sie es mit bloßem Auge verfolgen, am aufgehellten Stadthimmel freilich ist davon nicht viel zu sehen. Sie können sich aber behelfen, indem Sie ein Fernglas zur Hand nehmen: Richten Sie das Instrument – möglichst in einer mondlosen Nacht – auf den hellen Schwan-Hauptstern Deneb und fahren Sie langsam über Atair im Adler bis zum Horizont. Sie werden staunen: Im Gesichtsfeld Ihres Fernglases wird es von Sternen nur so wimmeln.

✦✦✦ einfach ✦✦ mittel ✦ schwierig

SOMMER 2 • HIMMELSTOUR

Skorpion, Schlangenträger

SICHTBARKEIT		
Ende Mai – Mitte Juni	**Ende Juni – Mitte Juli**	Ende Juli – Anfang August
22 Uhr, Südosten	**22 Uhr, Süden**	22 Uhr, Südwesten

Die zweite Tour über den Sommerhimmel führt uns in den Skorpion und den Schlangenträger. Beide sind typische Sommersternbilder, der Schlangenträger ist allerdings nicht leicht auszumachen.

❶ 👁 Sternbild Skorpion ✶✶✶

Unsere Tour startet beim hellsten Stern des Skorpions, dem rötlich leuchtenden Antares. Er ist leicht zu finden: Direkt im Süden, knapp über dem Horizont, leuchtet er prominent als weit und breit einziger heller Lichtpunkt in dieser Himmelsgegend. Von Antares aus ist der bei uns sichtbare, nördliche Teil des Skorpions trotz seiner horizontnahen Stellung ebenfalls einfach zu finden: Etwa drei Fingerbreit weiter schräg rechts oben sehen Sie eine fächerförmige Sternreihe aus fünf Sternen, sie bildet den Kopf des Skorpions. Der Stachel des Tieres erstreckt sich von Antares aus weit nach Süden. Er wird durch eine lange, geschwungene Reihe von Sternen repräsentiert, die in unseren Breiten niemals über den Horizont steigt. In voller Ausdehnung können Sie den Skorpion erst vom Mittelmeerraum aus beobachten, dort zählt er zu den schönsten Sternbildern.

❷ 🔭 Doppelstern Omega 1,2 Scorpii (ω^{1,2} Sco) ✶✶

Ein einfacher Doppelstern, bei dunklem Himmel schon für das bloße Auge, auf jeden Fall aber für das Fernglas ist ω^{1,2} Sco. Sie finden ihn im Fächer des Skorpions. Von Antares ausgehend liegt er rund drei Fingerbreit weiter rechts oben, ganz nah beim obersten der drei hellsten Fächersterne. Die eine Doppelstern-Komponente von ω^{1,2} Sco leuchtet blauweiß, die andere gelblich.

❸ 👁 Sternbild Schlangenträger ✶✶

Schwieriger zu identifizieren ist das Sternbild Schlangenträger, das sich nördlich des Skorpions erstreckt. Seinen Hauptteil bildet eine runde Fläche, die sich gut zwei Handbreit in jede Richtung erstreckt. Als „Eselsbrücke" können Sie sich den Schlangenträger als einen riesigen Tennisschläger vorstellen, dessen Griff gleich links neben dem Skorpion aus dem Horizont emporsteigt. Auf der „bespannten Schlägerfläche" liegt dann die Schlange, die links und rechts jeweils etwas über den Tennisschläger hinausragt.

Der Stern, der die Schlägerfläche rechts oben zu begrenzen scheint, gehört übrigens nicht mehr zum Schlangenträger. Er ist vielmehr der Hauptstern des Nachbarsternbildes Herkules und trägt den Namen Rasalgethi. Der Hauptstern des Schlangenträgers heißt Rasalhague, er liegt (ein bisschen heller als Rasalgethi) gleich links daneben.

❹ 🔭 📷 Kugelsternhaufen M 10 und M 12 ✶✶

Der Sommer ist die Jahreszeit der Kugelsternhaufen, da macht auch der Schlangenträger keine Ausnahme: Gleich mehrere solcher Haufen hat er zu bieten. Hübsch sind die beiden zusammen stehenden Kugelhaufen M 10 und M 12 und mit dem Fernglas auch leicht zu finden: Zielen Sie in die Mitte des Schlangenträger-„Tennisschlägers", und wandern Sie dann ein Stück nach rechts unten. Dort sind beide Kugelhaufen gemeinsam im Gesichtsfeld als neblige Fleckchen zu erkennen. Mit einem großen Teleskop können Sie auch Einzelsterne erkennen.

LandhimmelTipp

🔭 Offener Sternhaufen IC 4665 ✶

Nicht ganz so einfach zu finden ist der Offene Sternhaufen IC 4665 im Schlangenträger. Sie erreichen ihn, wenn Sie von der Mitte des Sternbildes nach links oben zum Rand der Fläche des imaginären Tennisschlägers wandern: Hier fällt der Offene Sternhaufen im Fernglas auf, allerdings nur bei wirklich dunklem Himmel – auf dem Land oder in der zweiten Nachthälfte, wenn vielleicht die Straßenlaternen abgeschaltet sind. Für das Fernglas ist er gut geeignet, für ein Teleskop ist der Haufen bereits zu ausgedehnt.

✶✶✶ einfach ✶✶ mittel ✶ schwierig

SOMMER 2 • WISSENSWERTES

Skorpion, Schlangenträger

❶ Sternbild Skorpion

Schon in der Antike sahen die Völker in dieser Sternanordnung einen Skorpion. In der griechischen Mythologie schickte die Erdmutter Gaia das Tier, um den Himmelsjäger Orion zu töten. Auf diese Weise sollte er für seine Angeberei mit Jagderfolgen bestraft werden. Der Skorpion tötete Orion tatsächlich, dieser wurde aber wiederbelebt und flieht bis heute unablässig vor seinem Angreifer. Geht das Sommersternbild Skorpion am Himmel auf, versinkt das Wintersternbild Orion unter dem Horizont, niemals sind beide Sternbilder gleichzeitig am Himmel zu sehen. Der Skorpion zählt zu den Tierkreissternbildern, die Sonne hält sich aber nur kurz in seiner Region auf. Ursache dafür ist, dass man den Skorpion im Laufe der Zeit einiger Gebiete „beraubt" hat: Seine ehemals nördlichsten Teile zählen heute zum Schlangenträger, auch die Hauptsterne des vorangehenden Tierkreissternbildes Waage zählten früher zum Skorpion.

Der griechische Name Antares des tiefroten Hauptsterns bedeutet „marsähnlicher Stern". Durch seine rote Färbung und seine Nähe zur Bahn von Sonne, Mond und Planeten kann man ihn leicht mit dem Planeten Mars verwechseln. Der Skorpion-Hauptstern gehört zu den 20 hellsten Sternen am Himmel. Er ist ein roter Überriese mit gewaltigen Dimensionen: 16-mal so schwer wie die Sonne und 12.000-mal so hell wie sie. Da er auch 700-mal so groß wie die Sonne ist, würde er – an ihre Stelle gesetzt – bis über die Marsbahn hinausreichen. Antares ist mit einer Oberflächentemperatur von „nur" rund 3000 Grad wesentlich kühler als unsere Sonne, deren Temperatur bei etwa 5500 Grad liegt. Antares strahlt daher rötlich. Der Stern ist ein typischer Kandidat für eine Supernova, sein Leben wird er eines Tages in einer gewaltigen Explosion aushauchen.

Der Skorpion befindet sich in einem dicht besetzten Gebiet der Milchstraße, das reich an Sternhaufen und Nebeln ist. Für den Stadthimmel sind sie bei uns wegen ihrer horizontnahen Position als Beobachtungsziele nicht gut geeignet, bei einem Ausflug aufs Land oder einem Urlaub im Süden sollten Sie den Skorpion aber unbedingt einmal mit dem Fernglas durchstreifen. In unmittelbarer Nähe von Antares befindet sich der Kugelsternhaufen M 4, der unter einem dunklen Himmel mit dem Fernglas als rundes, diffuses Fleckchen auszumachen ist. Mit nur 7000 Lichtjahren Entfernung ist er einer der nahegelegensten Kugelhaufen.

Der Kugelsternhaufen M 4 im Skorpion ist ein hübsches Fernglasziel unter einem dunklen Himmel.

❷ Doppelstern Omega 1,2 Scorpii ($\omega^{1,2}$ Sco)

$\omega^{1,2}$ Sco ist ein optischer Doppelstern, seine Komponenten scheinen also nur nahe beisammen zu stehen. Tatsächlich handelt es sich um zwei voneinander unabhängige Sterne, von denen der eine ein gelber Riesenstern in 265 Lichtjahren Entfernung ist. Obwohl der andere, bläuliche Stern etwas heller ist, ist er mit 420 Lichtjahren aber sogar weiter weg.

❸ Sternbild Schlangenträger

Der Schlangenträger ist sehr ausgedehnt, er setzt sich aber nur aus lichtschwächeren Sternen zusammen und ist daher nicht einfach zu erkennen. Der Hauptstern mit dem arabischen Namen Rasalhague leuchtet gelblich weiß am nördlichen (oberen) Rand des Sternbildes. Sein Name bedeutet übersetzt „der Kopf des Riesen". Der Stern steht in 47 Lichtjahren Entfernung und strahlt etwas heller als der drei Fingerbreit nordwestlich von ihm gelegene Herkules-Hauptstern Rasalgethi.

In der Vorstellung der alten Völker hält der Schlangenträger die Schlange in seinen Händen, die zu beiden Seiten ein Stück über seinen Körper hinausragt. Die Figur

Das schöne Sternbild Skorpion ist trotz seiner horizontnahen Stellung auch in Mitteleuropa gut zu erkennen.

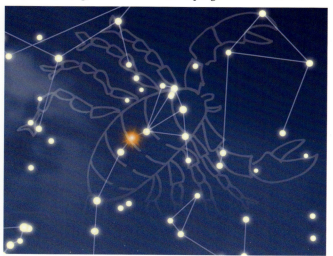

Von den beiden Kugelhaufen M 10 und M 12 im Sternbild Schlangenträger ist M 10 (links) im Zentrum deutlich stärker konzentriert. M 12 hingegen gilt sogar als Grenzfall zu einem Offenen Haufen.

steht für Äskulap, den mythischen Heiler und Vorgänger von Hippocrates. Dieser trägt einen Stab, um den sich eine Schlange ringelt – bis heute das Symbol des Ärztestandes.

Auch den Schlangenträger durchläuft die Sonne auf ihrer jährlichen Bahn am Himmel, er gehört damit zu den Tierkreissternbildern. Als astrologisches Tierkreis-*zeichen* gibt es ihn aber nicht, da dieser Bereich früher zum Skorpion zählte. Im Schlangenträger ereignete sich die letzte Supernova-Explosion, die in unserer eigenen Milchstraße entdeckt wurde. Der „neue", aufleuchtende Stern war damals etwa so auffällig wie der strahlend helle Planet Jupiter. Er wurde unter anderem von Johannes Kepler beobachtet und ihm zu Ehren „Keplers Supernova" genannt.

❹ Kugelsternhaufen M 10 und M 12

Die Kugelsternhaufen M 10 und M 12 wurden 1764 von Charles Messier entdeckt. Erst rund 20 Jahre später gelang es Wilhelm Herschel, die beiden Haufen in Einzelsterne aufzulösen. M 10 ist stärker konzentriert als die meisten anderen Kugelhaufen, er steht in einer Entfernung von etwa 15.000 Lichtjahren. Sein Nachbarhaufen M 12 ist mit rund 20.000 Lichtjahren etwas weiter von uns entfernt. M 12 ist deutlich weniger stark konzentriert als M 10 und wurde eine Zeitlang sogar als Zwischentyp zwischen einem dichten Offenen Haufen und einem lockeren Kugelhaufen gehandelt. Dennoch ähneln sich die beiden vom Erscheinungsbild, und da sie auch recht nah beisammen stehen, gelten sie als „Zwillings-Kugelhaufen".

Offener Sternhaufen IC 4665

Im Vergleich zu den vorher beschriebenen Kugelsternhaufen befindet sich dieser Offene Sternhaufen quasi gleich um die Ecke: Nur etwa 1000 Lichtjahre trennen uns von ihm. IC 4665 ist ein recht lockerer Haufen mit nur rund einem Dutzend Sterne.

Der Offene Sternhaufen IC 4665 ist vergleichsweise hell, obwohl er nicht viele Mitglieder besitzt.

Info

Barnards Pfeilstern

Ebenfalls im Schlangenträger befindet sich dieser berühmte Stern mit dem seltsamen Namen: Mit nur 5,9 Lichtjahren Entfernung ist er der drittnächste Nachbarstern unserer Sonne und der nächste, der in unseren Breiten zu sehen ist. Wegen seiner Nähe bewegt er sich auch pfeilschnell über den Himmel: In nur 180 Jahren legt Barnards Pfeilstern eine Strecke zurück, die dem Durchmesser des Vollmondes entspricht. Benannt ist er nach dem Entdecker seiner schnellen Bewegung, dem amerikanischen Astronomen Edward Emmerson Barnard. Da der Stern sehr lichtschwach ist, ist er nur im Teleskop sichtbar. Er steht rund zwei Fingerbreit südöstlich von IC 4665 (s. Sternkarte S. 45).

SOMMER 3 • HIMMELSTOUR

Leier, Herkules

SICHTBARKEIT		
Mai – Juni	**Juli**	August – September
22 Uhr, Osten	**22 Uhr, Süden**	22 Uhr, Westen

Unsere dritte Sommertour spielt sich in der Region westlich des Sommerdreiecks ab. Dort erkunden wir die Gegend um die Leier mit ihrem hellen Hauptstern Wega, der hoch am Himmel steht, sowie das benachbarte, recht unauffällige Sternbild Herkules.

❶ Sternbild Leier ☆☆☆

Die strahlend helle Wega steht im Sommer fast im Zenit: Schauen Sie „senkrecht" nach oben, dort funkelt der blauweiße Hauptstern der Leier, der die rechte Ecke des Sommerdreiecks bildet. Die weiteren Leier-Sterne sind lange nicht so auffällig, von Wega aus aber recht einfach zu finden: Links unterhalb von ihr formen sie eine schwache Raute mit knapp einer Handbreit Ausdehnung.

❷ Doppelstern Epsilon Lyrae (ε Lyr) ☆☆☆

In der Leier sind einige hübsche Doppelsterne zu finden, von denen ε Lyr der bekannteste ist. Er liegt oberhalb der Leier-Raute, knapp links oben von Wega. ε Lyr eignet sich als Prüfstern für die Augen: Bei normaler Sehkraft kann er als doppelt oder zumindest „länglich" erkannt werden. Mit einem Fernglas erscheinen die beiden weißen, gleich hellen Sterne klar getrennt.

❸ Doppelstern Delta Lyrae (δ Lyr) ☆☆☆

Ein weiterer einfacher Doppelstern für das Fernglas ist δ Lyr. Er ist Bestandteil der schwachen Leier-Raute und bildet den Eckstern links oben. Mit dem Fernglas ist er sehr einfach zu trennen, seine beiden Sternkomponenten zeigen einen großen Abstand. Auffallend ist ein Farbunterschied: Der hellere leuchtet rötlich, der schwächere weißblau.

❹ Sternbild Herkules ☆☆

Wandern Sie nun von der Leier aus nach Westen, so finden Sie dort ein großes Gebiet mit lichtschwächeren Sternen. Etwa zwei Handbreit rechts von Wega können Sie aber ein weiteres Sternviereck ausmachen, etwa doppelt so groß wie die Leier-Raute: Dies ist der zentrale Bereich des Sternbildes Herkules. Vervollständigt wird es durch Sternketten, die die „Arme" und „Beine" der Figur repräsentieren.

❺ Kugelsternhaufen M 13 ☆☆

Der Herkules beherbergt mit M 13 einen der schönsten Kugelsternhaufen des nördlichen Himmels. Aufstöbern lässt er sich mit dem Fernglas, Sie finden ihn auf der rechten Seitenlinie des Herkules-Vierecks: Wandern Sie von unten gesehen etwa zwei Drittel des Weges bis zum oberen Eckpunkt, schon sind Sie am Ziel. Im Fernglas erkennen Sie nun einen milchigen, runden Fleck zwischen den Umgebungssternen. Am schönsten ist der Anblick des Haufens in einem mittleren oder großen Teleskop, besonders bei hoher Vergrößerung, wenn seine Randpartien in zahlreiche Einzelsterne aufgelöst werden.

❻ Kugelsternhaufen M 92 ☆

Ein weiteres Schmuckstück hält der Herkules mit dem Kugelsternhaufen M 92 bereit. Er ist jedoch etwas lichtschwächer und schwieriger zu finden als M 13. M 92 liegt oberhalb des zentralen Sternvierecks: Verlängern Sie die linke Seitenlinie des Vierecks einmal nach oben, so liegt der Haufen etwa einen Fingerbreit rechts vom Endpunkt dieser Linie. Im Fernglas erscheint er als verschwommener „Stern". Sehr empfehlenswert ist hier ein großes Teleskop mit hoher Vergrößerung.

TeleskopTipp

Ringnebel (M 57) ☆☆

Wenn Sie ein Teleskop besitzen, sollten Sie nochmals einen Abstecher in die Leier einlegen. Dort befindet sich nämlich eines der berühmtesten Objekte des Messier-Katalogs: Es ist der Planetarische Nebel M 57, auch Ringnebel genannt. Sie finden ihn ziemlich genau auf der Hälfte der unteren Linie der Leier-Raute. In einem kleinen Teleskop erscheint er als leicht diffuser, schwacher „Punkt", in großen Teleskopen zeigt er die Form eines Rauchrings.

☆☆☆ einfach ☆☆ mittel ☆ schwierig

SOMMER 3 • WISSENSWERTES

Leier, Herkules

1 Sternbild Leier

Die Leier ist ein kleines Sternbild, aber trotzdem sehr markant und gut wiederzuerkennen, denn der strahlend helle Hauptstern Wega weist unübersehbar den Weg. Das Sternbild war bereits in der Antike bekannt, es symbolisierte bei den Griechen die Leier des Sängers Orpheus. Er hatte das Instrument von Apollo, dem Gott der Künste, geschenkt bekommen und bezauberte damit Hades, den Herrscher über die Unterwelt, um seine verstorbene Braut Eurydike von dort zu erretten.

Wega ist der fünfthellste Stern am Himmel, ihr Name bedeutet übersetzt „herabstürzender Adler". Der Stern ist mehr als doppelt so groß wie unsere Sonne und etwa 40-mal so hell. Mit einem Alter von nur 400 Millionen Jahren ist Wega im Vergleich zur Sonne mit knapp 5 Milliarden Jahren ein junger Stern. In den 1980er-Jahren fanden die Astronomen eine Staubscheibe um sie herum, aus der sich möglicherweise ein Planetensystem entwickelt. Wega dreht sich extrem schnell um sich selbst, nur etwas mehr als 12 Stunden benötigt sie dazu, während die Sonne für eine Rotation rund 25 Tage braucht. Würde der Leier-Hauptstern nur etwas schneller rotieren, würde er von den Fliehkräften auseinandergerissen. Mit nur 25 Lichtjahren Entfernung ist Wega auch einer unserer Nachbarsterne. Ihre weißblaue Farbe verdankt sie ihrer hohen Oberflächentemperatur von knapp 10.000 Grad. Wegen der Kreiselbewegung unserer Erdachse, der sogenannten Präzession, wird Wega in rund 12.000 Jahren der Polarstern am Himmel sein: Das nördliche Ende der Erdachse wird dann nicht mehr auf Polaris weisen, sondern auf den Hauptstern im Sternbild Leier.

Das Sternbild Leier ist klein, aber einprägsam und wegen seines hellen Hauptsterns Wega gut zu finden.

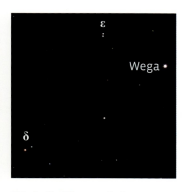

Die helle Wega mit den Doppelsternen ε und δ Lyr. Letzterer zeigt unterschiedlich farbige Komponenten.

2 Doppelstern Epsilon Lyrae (ε Lyr)

ε Lyr ist ein Paradeobjekt unter den Doppelsternen. Sind mit einem Fernglas schon zwei Sterne zu sehen, so werden es mit einem Teleskop und hoher Vergrößerung sogar vier: Jede der beiden im Fernglas sichtbaren Komponenten zeigt im Teleskop noch einen engen Begleiter. Es handelt sich also um einen Vierfachstern! Die beiden Sternpaare umkreisen sich mit einer Periode von mehr als 100.000 Jahren, die Sterne der beiden Pärchen mit Umlaufzeiten zwischen 700 und 1000 Jahren. Alle vier Sterne sind 160 Lichtjahre von uns entfernt. Echte Vierfachsterne sind am Himmel selten, ε Lyr ist einer der schönsten.

Die Hauptkomponenten von ε Lyr lassen sich mit dem Fernglas trennen, vier Sterne sieht man erst im Teleskop.

3 Doppelstern Delta Lyrae (δ Lyr)

δ Lyr ist „nur" ein optischer Doppelstern, seine Komponenten stehen also rein zufällig in derselben Richtung. Sie sind noch einfacher zu trennen als die von ε Lyr. Der hellere der beiden Sterne ist ein Roter Riese in rund 900 Lichtjahren Entfernung, der schwächere ein heißer, bläulicher Stern in über 1000 Lichtjahren Distanz.

4 Sternbild Herkules

In der griechischen Mythologie stellt der Herkules einen berühmten Helden dar, der zwölf schwierige Aufgaben lösen musste, um die Unsterblichkeit der Götter zu erlangen. Herkules war der Sohn des Göttervaters Zeus und der Alkmene, der Tochter des mykenischen Königs, und zeichnete sich durch besonderen Mut und Kraft aus. Das Sternbild ist am Himmel sehr ausgedehnt, setzt sich aber nur aus lichtschwachen Sternen zusammen. In der Stadt ist es nicht leicht zu erkennen. Auch die Figur des Helden springt nicht sofort ins Auge. Hinzu kommt, dass Herkules am Himmel auf dem Kopf steht: Die Füße finden Sie oben, ein Bein ist angewinkelt, der Kopf hängt nach unten.

Der Hauptstern des Bildes trägt den arabischen Namen Rasalgheti, was „Kopf des Knienden" bedeutet. Rasalgheti ist ein Roter Riesenstern in 400 Lichtjahren Entfernung und einer der größten Sterne, die wir kennen: Sein Gasleib ist rund 400-mal so groß wie unsere Sonne. Der Stern liegt am südlichen Sternbildrand, an der Grenze zum Schlangenträger, und wird deswegen manchmal auch zu dessen Figur gezählt.

❺ Kugelsternhaufen M 13

M 13 ist das Paradebeispiel für einen Kugelsternhaufen. Der 25.000 Lichtjahre entfernte Haufen ist einer der hellsten Vertreter seiner Art am nördlichen Himmel, er enthält rund eine Million Sterne und ist damit sehr sternreich. M 13 wurde bereits 1714 von dem englischen Astronomen Sir Edmond Halley entdeckt, nach dem der Halleysche Komet benannt ist. Charles Messier nahm den Haufen 1764 als Nummer 13 in seinen Katalog auf. Im Jahr 1974 wurde in Richtung von M 13 über das große Radioteleskop in Arecibo (Puerto Rico) eine Botschaft gesendet, in der Hoffnung, dort möglicherweise von intelligentem Leben gehört zu werden. Wegen der großen Entfernung trifft die Antwort jedoch frühestens in 50.000 Jahren ein.

Für Teleskopbeobachter zählt M 13 zu den schönsten Beobachtungsobjekten des Himmels. Der Haufen verdankt seine Berühmtheit aber auch seiner günstigen Lage: Er steht hoch am Himmel, ist im Jahresverlauf lange sichtbar und einfach zu finden. Dadurch sticht er einige eigentlich ähnlich hübsche Kugelhaufen aus, wie z. B. M 3 in den Jagdhunden, M 5 in der Schlange oder M 22 im Schützen.

❻ Kugelsternhaufen M 92

Auch der Kugelhaufen M 92 ist hell. Durch die Nähe zu seinem prominenten „Bruder" M 13 führt aber auch er ein gewisses Schattendasein. Im Vergleich zu M 13 ist er etwas kleiner, er enthält „nur" rund eine halbe Million Sterne. M 92 ist mit 29.000 Lichtjahren auch etwas weiter entfernt. Mit rund 13 Milliarden Jahren ist er einer der ältesten bekannten Kugelsternhaufen. 1777 wurde er von Johann Elert Bode entdeckt, unabhängig davon fand ihn Messier im Jahr 1781 und nahm ihn in seinen Katalog auf.

Ein weiterer lohnenswerter Kugelhaufen im Herkules ist M 92. Er ist etwas kleiner und lichtschwächer als M 13.

Ringnebel (M 57)

Der Ringnebel in der Leier ist einer der berühmtesten und hellsten Planetarischen Nebel am ganzen Himmel. Hier hat vor rund 10.000 Jahren ein alternder Stern seine äußeren Gasschichten abgeblasen, die sich nun in der Form eines Rauchrings ins Weltall ausdehnen. Im Zentrum des Nebels steht der kompakte, heiße Rest des Sterns, ein sogenannter Weißer Zwerg, der die umgebenden Gasmassen zum Leuchten anregt. Er hat eine Oberflächentemperatur von rund 100.000 Grad. Der Stern ist jedoch sehr lichtschwach, er ist höchstens in großen Teleskopen erahnbar. Nebel und Stern sind rund 2300 Lichtjahre entfernt.

Der Kugelsternhaufen M 13 ist auf der Nordhalbkugel der Erde der berühmteste Vertreter seiner Art. Im Teleskop bietet er einen prachtvollen Anblick.

Der Ringnebel in der Leier zeigt seine charakteristische Form erst in einem größeren Teleskop.

SOMMER 4 • HIMMELSTOUR

Schütze I

SICHTBARKEIT

Juli	**Ende Juli – Mitte August**	Ende August
22 Uhr, Südosten	**22 Uhr, Süden**	22 Uhr, Südwesten

Mit den Touren 4 und 5 unternehmen wir einen ausgedehnten Streifzug durch das Sommersternbild Schütze, das zahlreiche Sternhaufen und Gasnebel beherbergt. Voraussetzung für die Beobachtung des Schützen ist allerdings eine freie Sicht bis zum Südhorizont.

❶ 👁 Sternbild Schütze ✯✯

In unseren Breiten ist eine Beobachtung der Schütze-Region nicht ganz einfach, vor allem nicht in der Stadt. Stets findet man das Sternbild tief am Horizont, wo es vielleicht von höheren Gebäuden verdeckt und das Licht seiner Sterne durch horizontnahe Staubschichten besonders stark gedämpft wird. Aber da der Schütze einige Glanzlichter des Himmel bereithält, soll er in diesem Buch dennoch nicht fehlen.

Wir starten also damit, zunächst die Hauptsterne des Sternbildes auszumachen. Dazu suchen wir die hoch über unseren Köpfen stehende, helle Wega im Sternbild Leier. Wandern Sie von Wega aus genau senkrecht nach unten, dann erreichen Sie den Schützen kurz vor dem Südhorizont. Alternativ können Sie auch Atair im Adler als Ausgangspunkt nehmen und die Hauptachse des Adlers einfach gedanklich nach unten verdoppeln – schon befinden Sie sich im Schützen. Die Schütze-Umrisse zu erkennen, ist beim ersten Mal nicht leicht, da relativ viele, (nur) mittelhelle Sterne zu diesem Sternbild gehören. Es gibt aber eine einfache Eselsbrücke, über die Sie sich seine Figur einprägen und immer wieder finden können: Der Schütze sieht nämlich aus wie eine Teekanne. Im englischsprachigen Raum wird er deswegen auch als „Teapot" bezeichnet. Und wirklich, in seinen Hauptsternen können Sie eine Kanne mit Henkel, Deckel und Ausguss erkennen. Die Teekanne ist leicht schräg Richtung Westen (nach unten) geneigt, gerade so, als ob jemand damit Tee in eine Tasse gießen würde.

❷ ⚡ Milchstraßenwolke M 24 ✯

Wandern Sie von der Deckelspitze der Teekanne etwa drei Fingerbreit senkrecht nach oben, so gelangen Sie in ein stark „bevölkertes", ausgedehntes Sternfeld der Milchstraße – genauer: zum Objekt mit der Bezeichnung M 24. Es handelt sich um eine besonders helle Milchstraßenwolke, die sich im Fernglas als nebliger Fleck mit einer relativ großen Ausdehnung von fast einem Fingerbreit in Längsrichtung präsentiert. In ländlichen Gegenden ist der Milchstraßenbereich um M 24 sogar schon mit bloßem Auge zu erkennen.

❸ ⚡ ✎ Offener Sternhaufen M 18, Omeganebel (M 17) ✯

Schwenken Sie nun von M 24 aus noch etwas weiter nach oben, so treffen Sie auf zwei weitere Objekte, die in einem Bereich von nur einem Fingerbreit Ausdehnung liegen: den Offenen Sternhaufen M 18 und den Gasnebel M 17, der auch Omeganebel heißt. Die drei Objekte M 24, M 18 und M 17 liegen so nah beieinander, dass Sie sie zusammen im Fernglas beobachten können. Dabei sind allerdings M 18 und M 17 noch größere Herausforderungen als M 24. Bei beiden lohnt sich, im Unterschied zum ausgedehnten Bereich M 24, auch ein Blick durchs Teleskop. Dabei sollten Sie jeweils nur gering vergrößern, bei M 17 ist zudem ein Nebelfilter empfehlenswert (s. Kasten S. 59).

❹ ⚡ Offener Sternhaufen M 25 ✯✯

Unser letztes Ziel, der Offene Sternhaufen M 25, ist im Fernglas wieder deutlich einfacher zu finden. Wandern Sie von M 24 dieses Mal nicht nach oben, sondern knapp zwei Fingerbreit nach links (Richtung Osten), so stoßen Sie auf den hübschen Sternhaufen, den Sie schon im Fernglas in einzelne Sterne auflösen können.

Info

⚡ Das Zentrum der Milchstraße ✯

Im Schützen liegt das Zentrum unserer Milchstraße. Sehen kann man es nicht, da Staubwolken die Sicht verdecken. Die Milchstraße präsentiert sich jedoch in dieser ganzen Region sehr hell, ein Durchstreifen mit dem Fernglas lohnt sich daher trotz der Horizontnähe.

✯✯✯ einfach ✯✯ mittel ✯ schwierig

SOMMER 4 • WISSENSWERTES

Schütze I

❶ Sternbild Schütze

Das schon seit der Antike bekannte Sternbild Schütze ist Mitglied des Tierkreises. Häufig wird es als Zentaur dargestellt, als Fabelwesen, halb Mensch, halb Tier. Mit erhobenem Pfeil und Bogen zielt der Schütze auf das Herz des Skorpions, der ihm im Tierkreis vorangeht. So kommt er dem Himmelsjäger Orion zu Hilfe, dem der Skorpion nach dem Leben trachtet. Wegen seiner stets horizontnahen Position und seinen nicht sehr hellen Sternen ist der Schütze bei uns nicht besonders auffällig. Dunst und Lichtaufhellung stören hier besonders, zudem wird es in den kurzen Sommernächten erst sehr spät dunkel. Dennoch lässt sich das Sternbild durch seine einprägsame Form gut erkennen. Viel einfacher hat man es allerdings in südlicheren Breiten: Dort wird es früher dunkel, und der Schütze steht höher über dem Horizont. Mitten durch den Schützen verläuft die Milchstraße mit zahlreichen schönen Sternhaufen und Gasnebeln. Der Schütze enthält allein 15 Messier-Objekte. Unbedingt empfehlenswert ist daher ein Streifzug mit dem Fernglas durch sein Gebiet – von der Stadt aus, aber erst recht unter einem dunklen Land- oder Gebirgshimmel.

Der Schütze ist von den Tierkreissternbildern das am weitesten südlich gelegene. Die Sonne durchquert ihn um den Zeitpunkt der Wintersonnenwende, er beherbergt zwischen den Gasnebeln M 8 und M 20 den Winterpunkt (vgl. S. 57). Durchschreitet die Sonne diesen Himmelspunkt, beginnt bei uns der Winter. Nicht immer aber lag der Winterpunkt im Schützen: Durch die Kreiselbewegung der Erdachse, die sogenannte Präzession, befand er sich bis etwa 100 v. Chr. noch im Steinbock, woher der Ausdruck „Wendekreis des Steinbocks" stammt. Im Jahr 2270 wird der Winterpunkt den Schützen verlassen und in den Schlangenträger wechseln.

Westlich des Ausgusses der Schütze-Teekanne blickt man zum Zentrum der Milchstraße, unserer Heimatgalaxie also. Auch für große Teleskope ist es nicht direkt zu sehen, weil vorgelagerte dunkle Staubwolken die Sicht versperren. Nur mit Radio- oder Infrarotteleskopen können die Astronomen in das Herz unserer Galaxis blicken. Bemerkbar macht sich dort vor allem ein kleiner Bereich, aus dem starke Radiostrahlung dringt. Diese „Radioquelle" trägt den Namen Sagittarius A (s. Karte S. 53). Messungen deuten auf ein superdichtes Objekt hin, das rund vier Millionen mal so schwer wie unsere Sonne ist, aber nur viermal so groß. Die Forscher vermuten, dass es sich hierbei um ein Schwarzes Loch handelt. Auch die Bewegungen von Sternen, die das Zentrum umkreisen, stützen diese These: Einer davon rast in nur 17 Licht*tagen* Entfernung mit einer Bahngeschwindigkeit von 5000 Kilometern pro Sekunde um Sagittarius A. Wir selbst sind rund 27.000 Licht*jahre* vom Zentrum unserer Heimatgalaxie entfernt.

Der Schütze ist in unseren Breiten wegen seiner horizontnahen Stellung selten vollständig zu sehen.

❷ Milchstraßenwolke M 24

Der 24. Eintrag im Katalog von Charles Messier ist etwas Besonderes: Es handelt sich hierbei nicht – wie sonst in dieser Liste – um einen Sternhaufen oder Gasnebel, sondern einfach um einen besonders hellen Bereich der Milchstraße, ähnlich wie die in Tour 6 beschriebene Schild-Wolke, die etwas weiter nördlich steht. Die weit ausgedehnte, sternreiche Region M 24 sticht deshalb hervor, da an dieser Stelle der Blick auf die Milchstraße nicht durch Dunkelwolken eingeschränkt ist. Sie ist Teil eines

M 24 ist eine ausgedehnte Milchstraßenwolke. An ihrem nördlichen Ende liegt der kleine Sternhaufen NGC 6603.

mehr als 10.000 Lichtjahre entfernten Spiralarms unserer Galaxis, auf den wir durch einen näher liegenden Arm hindurchblicken können. M 24 gehört zu den eindrucksvollsten Gebieten der Milchstraße. Ob Messier jedoch seine Nummer 24 wirklich diesem Stückchen Milchstraße zugeordnet hat, ist umstritten: Manche Himmelsbeobachter vermuten, dass vielmehr der kleine Sternhaufen NGC 6603 im nördlichen Bereich des Gebiets gemeint war. Messiers Eintragungen aus dem Jahr 1764 legen jedoch nahe, dass er tatsächlich die gesamte Region beschrieb, die auch den Namen „Kleine Sagittarius-Wolke" trägt.

❸ Offener Sternhaufen M 18, Omeganebel (M 17)

Der Offene Sternhaufen M 18 ist ein kleiner, lockerer Haufen mit etwa 20 Mitgliedern. Er enthält sehr große und leuchtkräftige Sterne, sogenannte blaue Überriesen. Sie sind erst einige Dutzend Millionen Jahre alt und nehmen alle zusammen ein Raumgebiet von etwa 10 Lichtjahren im Durchmesser ein. Der Haufen befindet sich in gut 4000 Lichtjahren Entfernung und steht am Himmel in direkter Nachbarschaft zum in Wirklichkeit aber weiter entfernen Gasnebel M 17.

Der Omeganebel M 17 ist in unseren Breiten einer der hellsten Gasnebel am Himmel. Zu seinem Namen kam er, da seine Form in einem größeren Teleskop die Kontur des griechischen Buchstabens Omega nachzuzeichnen scheint. In einer umkehrenden Optik, wie man sie in der Astronomie oft benutzt und in der das Bild auf dem Kopf steht, erinnert der Nebel an einen Schwan. Mitunter wird er deshalb auch als Schwanennebel bezeichnet. Entdeckt wurde M 17 bereits 1745 von Jean-Philippe Loys de Chéseaux, von Charles Messier aber erst 1764 in seinen Katalog aufgenommen. Es handelt sich um ein Gebiet, in dem noch heute neue Sterne entstehen. Diese jungen, heißen Sterne regen die umliegenden Gasnebel durch ihre inten-

Der Omega- oder Schwanennebel M 17 ist einer der hellsten Gasnebel am Himmel.

sive UV-Strahlung zum eigenen Leuchten an. Die Sterne selbst sind nicht zu sehen, sie verbergen sich noch hinter dunklen Staubwolken. M 17 ist rund 6000 Lichtjahre von uns entfernt, der Nebel hat einen Durchmesser von 40 Lichtjahren und ein (geringes) Alter von etwa sechs Millionen Jahren.

❹ Offener Sternhaufen M 25

M 25 ist ein großer Offener Sternhaufen mit rund 100 recht verstreut stehenden Sternen. Er befindet sich in gut 2000 Lichtjahren Entfernung, ist 20 Lichtjahre ausgedehnt und mit 68 Millionen Jahren ebenfalls noch recht jung. Messier nahm ihn, wie die zuvor genannten Objekte, im Jahr 1764 in seinen Katalog auf.

In einem Fernglas oder kleinen Teleskop hebt sich M 25 besser vom Sternreichtum seiner Umgebung ab als in einem großen Instrument.

Der Sternhaufen M 18 ist klein und enthält nur wenige Sterne.

SOMMER 5 • HIMMELSTOUR

Schütze II

SICHTBARKEIT

Juli	Ende Juli – Mitte August	Ende August
22 Uhr, Südosten	**22 Uhr, Süden**	22 Uhr, Südwesten

Im zweiten Teil unseres Streifzuges durch den Schützen versuchen wir, lichtschwache Sternhaufen und Gasnebel nah am Horizont aufzuspüren. Das ist eine Herausforderung, denn die städtischen Lichter lassen vor allem die Nebel fast verschwinden.

❶ Offener Sternhaufen M 21

Sämtliche Ziele dieser Tour sind nicht einfach, und manch ein Einsteiger wird wohl auch nicht alle Objekte finden. Etwas Beobachtungspraxis und vor allem ein Beobachtungsabend auf dem Land helfen an dieser Stelle – so findet man nachfolgend auch manches Objekt in der Stadt. Beginnen wollen wir mit einem noch etwas einfacheren Objekt, dem Sternhaufen M 21.

Die Form des Sternbildes Schütze haben wir ja bereits in Tour 4 kennen gelernt. Starten Sie also jetzt an der Deckelspitze der „Teekanne", und wandern Sie etwa drei Fingerbreit nach Westen. Dort finden Sie in einem Bereich, der nur rund einen Fingerbreit hoch ist, bereits drei Objekte unserer Tour und den Landhimmel-Tipp: Von oben nach unten sind dies der Sternhaufen M 21, die Gasnebel M 20 und M 8 sowie der Sternhaufen NGC 6530. M 21 ist am Stadthimmel noch das einfachste davon, da er aus vergleichsweise helleren Sternen besteht, von denen Sie einige schon im Fernglas erkennen können.

❷ Lagunennebel (M 8), Offener Sternhaufen NGC 6530

Auch wenn er eigentlich kein Stadtobjekt ist, ist der Lagunennebel doch so populär, dass er hier nicht fehlen soll. Schwenken Sie also von M 21 rund einen Fingerbreit nach unten, so stoßen Sie zu einem der berühmtesten Gasnebel am ganzen Himmel vor. Ob Sie von dem Nebel im Fernglas überhaupt etwas sehen, hängt von der Qualität Ihres Himmels ab: Je dunkler er ist, desto besser stehen die Chancen. Falls bei Ihnen in der zweiten Nachthälfte Straßenlaternen oder andere Beleuchtung abgeschaltet werden sollte, versuchen Sie es am besten dann einmal! Bei der Verwendung eines Instrumentes ist eine große Öffnung (großes Fernglas, Teleskop) vorteilhaft, mit einem Teleskop sollten Sie aber nur gering vergrößern. Wenn Sie häufiger beobachten, können Sie auch über die Anschaffung eines Nebelfilters nachdenken (s. Kasten S. 59), er hilft bei der Beobachtung schwacher Nebel. Leichter zu erkennen als M 8 ist der Offene Sternhaufen NGC 6530, der im östlichen Teil des Gasnebels liegt. Die Haufensterne scheinen „vor dem Nebel" zu liegen. Beide, M 8 und NGC 6530, sind aber schwierige Objekte, vor allem für wenig geübte Beobachter.

❸ Kugelsternhaufen M 22

So sind wir schon beim letzten Ziel unserer Tour angelangt, das wieder einfacher zu entdecken ist. Es ist der hübsche Kugelsternhaufen M 22. Schwenken Sie von der Deckelspitze der Schütze-Teekanne aus einen Fingerbreit nach links oben, so treffen Sie auf den Haufen. M 22 zählt zu den schönsten Kugelsternhaufen am Nachthimmel und ist einer der helleren Vertreter seiner Art. Mit dem Fernglas ist er gut als nebliger Fleck zu erkennen. Außerordentlich empfehlenswert ist M 22 im Teleskop, vor allem mit hoher Vergrößerung: In einem größeren Instrument werden unzählige Einzelsterne sichtbar.

LandhimmelTipp

Trifidnebel (M 20)

Bei einem sommerlichen Ausflug aufs Land sollten Sie sich auch einmal den Trifidnebel (M 20) vornehmen. Sie finden ihn, wenn Sie von M 21 eine Winzigkeit nach unten schwenken (im Fernglas aber immer noch im selben Bildausschnitt). Nur bei dunklem Himmel ist er gut zu sehen. Um etwas von der Struktur des Nebels zu erkennen, ist der Blick durch ein großes Teleskop bei schwacher Vergrößerung mit Nebelfilter empfehlenswert. Vielleicht besuchen Sie dazu einmal eine Volkssternwarte. Sie können auch die ganze Tour 5, die sicherlich die schwierigste in diesem Buch ist, als Anregung auffassen, den südlichen Teil des Schützen einmal unter einem schönen dunklen Landhimmel zu durchforsten.

SOMMER 5 • WISSENSWERTES

Schütze II

① Offener Sternhaufen M 21

Mit 7 Millionen Jahren ist M 21 noch jung, er enthält etwa 200 Sterne. Charles Messier fand den 4000 Lichtjahre entfernten Haufen während einer Beobachtung des Trifidnebels (M 20) und nahm ihn 1764 in seinen Katalog auf. Der Sternhaufen M 21 wird von vielen Beobachtern wenig beachtet, da er unter einem dunklen Himmel starker „Konkurrenz" ausgesetzt ist: Die berühmten, schönen Gasnebel M 8 und M 20 liegen in seiner unmittelbaren Nähe. In der Stadt aber kann M 21 punkten.

Der Sternhaufen M 21 (im Bild oben links) liegt nicht weit vom berühmten Trifidnebel (M 20) entfernt.

② Lagunennebel (M 8), Offener Sternhaufen NGC 6530

Der Lagunennebel M 8 zählt zu den schönsten leuchtenden Gasnebeln am Himmel. Leider steht er bei uns immer nah am Horizont und ist nur in den kurzen Sommernächten zu sehen. Zusammen mit dem Trifidnebel M 20 scheint er zu einem größeren Nebelkomplex zu gehören, in dem auch heute noch neue Sterne aus interstellarem Gas und Staub entstehen. Seinen Namen trägt er wegen seines Erscheinungsbildes auf lang belichteten Aufnahmen: Dort zeigt sich eine leicht gebogene, längliche Dunkelwolke, die sich durch die rot leuchtenden Nebelteile zieht und an eine Lagune erinnert. Die Gaswolke wird durch junge, heiße Sterne in ihrem Inneren zum Leuchten angeregt. Auf Fotografien erscheint der Nebel rot, für eine Beobachtung ist der Farbeindruck aber zu schwach, er wirkt dann milchig weiß. Auf Bildern sind auch sogenannte Globulen zu sehen, kleine, dichte Staubgebiete, in denen sich die neuen Sterne gerade bilden.

Der Sternhaufen NGC 6530 liegt im östlichen Teil von M 8. Auch wenn der Haufen so wirkt, als stehe er vor dem Nebel, ist er kein Vordergrundobjekt. Seine Sterne haben sich vielmehr erst „vor kurzem" aus den Gas- und Staubmassen der Region gebildet und werden von ihnen umschlossen. NGC 6530 enthält rund 100 Sterne, Haufen und Nebel sind etwa 5000 Lichtjahre entfernt. Beide wurden bereits im 17. Jahrhundert entdeckt, und Messier nahm sie 1764 gemeinsam in seinen Katalog als Nummer 8 auf. Unter einem dunklen, klaren Himmel ist der Nebel schon mit bloßem Auge zu erahnen, im Fernglas erkennt man dann seine längliche Form und das Leuchten des Sternhaufens NGC 6530 im linken Teil. Bei der Beobachtung mit einem Teleskop zeigen sich bei geringer Vergrößerung (vor allem mit Nebelfilter) erste Strukturen, das dunkle „Lagunenband" wird erkennbar.

③ Kugelsternhaufen M 22

Der Schütze beherbergt einige Kugelsternhaufen, von denen M 22 der schönste und hellste ist. Er wurde bereits 1665 von dem deutschen Amateurastronomen Johann Abraham Ihle entdeckt. Damit ist er der erste Kugelsternhaufen, der überhaupt beobachtet wurde. Messier nahm ihn im Jahr 1764 in seine Liste auf. Aufgrund seiner stets tiefen Position am Horizont ist M 22 bei uns kein einfaches Himmelsobjekt und lange nicht so bekannt wie der Kugelsternhaufen M 13 im Sternbild Herkules. M 22

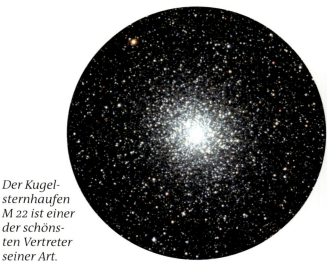

Der Kugelsternhaufen M 22 ist einer der schönsten Vertreter seiner Art.

Der Lagunennebel (M 8) verdankt seinen Namen dem auffälligen dunklen Staubband, das an eine Lagune erinnert. Im linken Bildteil leuchtet der Sternhaufen NGC 6530.

braucht sich jedoch nicht zu verstecken: Würde er bei uns höher am Himmel stehen, wie dies in südlicheren Breiten der Fall ist, wäre er sicher ähnlich berühmt. Für einen Kugelsternhaufen ist er recht aufgelockert, er enthält „nur" rund 80.000 Sterne in einem Raumgebiet von 100 Lichtjahren. M 22 steht uns auch erstaunlich nahe: Nur 10.000 Lichtjahre trennen uns von ihm.

Trifidnebel (M 20)

Der Trifidnebel ist wie der Lagunennebel einer der bekanntesten Gasnebel am Himmel, er wurde 1764 von Charles Messier entdeckt. Auf lang belichteten Fotografien ist er prachtvoll anzusehen und zeigt einen blauen und einen roten Nebelteil, der von schwarzen „Armen" durchzogen wird. Der scheinbaren Teilung des leuchtenden Nebelgebiets durch diese Dunkelwolken verdankt er seinen Namen, abgeleitet vom lateinischen Wort „trifidus" für „dreigeteilt". Denn bei einer visuellen Beobachtung sind nur drei der vier „Nebelstücke" sichtbar. Während der rote Nebelteil durch heiße Sterne zum eigenen Leuchten im rötlichen Licht des Wasserstoffgases angeregt wird, reflektiert die blaue Nebelregion „nur" das Licht der jungen, bläulichen Sterne. Ihre Energie reicht nicht, um den Nebel zum Eigenleuchten anzuregen. Die Dunkelwolke, die den Nebel zerteilt, trägt den Namen Barnard 85 nach Edward Emerson Barnard, der Anfang des 20. Jahrhunderts einen Katalog von Dunkelwolken erstellte. Wie der Lagunennebel ist auch der Trifidnebel rund 5000 Lichtjahre entfernt. Bei der Beobachtung ist prinzipiell nur der rötliche Hauptnebel sichtbar, der bläuliche Teil ist für eine Sichtung zu schwach.

PraxisTipp

Nebelfilter

Um den Kontrast eines Nebelgebietes vor dem Himmelshintergrund zu erhöhen, eignet sich der Einsatz eines Nebelfilters. Er unterdrückt das irdische Streulicht, während das Licht des Nebels ungehindert passieren kann. Nebelfilter sind im Teleskophandel erhältlich.

Der Trifidnebel (M 20) besteht aus einem Emissionsnebel (rot) und einem Reflexionsnebel (blau).

SOMMER 6 • HIMMELSTOUR

Adler, Schlange

SICHTBARKEIT

Mitte Juni – Mitte Juli	Ende Juli – Mitte August	Ende August – Mitte September
22 Uhr, Südosten	22 Uhr, Süden	22 Uhr, Südwesten

Mit Tour 6 erkunden wir das Sternbild Adler sowie den Himmelsbereich südlich des Adlers Richtung Horizont. Durch diese Gegend zieht sich das Band der Milchstraße mit zahlreichen Sternhaufen und Gasnebeln.

❶ Sternbild Adler ✶✶✶

Wir starten die Tour bei Atair, dem Hauptstern des Adlers. Atair ist leicht zu finden: Schauen Sie nach Süden und halbieren Sie in Gedanken die Strecke zwischen Zenit und Horizont, so fällt er dort als heller, weißer Stern auf. Die restlichen Adlersterne formen – ähnlich wie der weiter oben stehende Schwan – ein großes Kreuz, das beim Adler allerdings eher wie ein schräg nach links gekippter Buchstabe „T" aussieht. Atair steht am Kreuzungspunkt, der Stern repräsentiert den Adlerkopf. Die Hauptlinie des Sternbildes in Richtung Horizont steht für Körper und Schwanz, die Querlinie formt die Vogelschwingen.

❷ Wildentenhaufen (M 11) ✶✶

Vom untersten Stern des Vogelschwanzes gelangen wir recht einfach zum nächsten Ziel unserer Tour: dem „Wildenten-Sternhaufen" mit der Katalogbezeichnung M 11. Sie finden den Haufen, wenn Sie vom Schwanzstern die Hauptachse des Adlers etwa um einen Fingerbreit verlängern. M 11 ist ein schöner Offener Sternhaufen, der im Fernglas als homogenes, helles Nebelfleckchen erscheint. Im Teleskop sehen Sie ab etwa 100-facher Vergrößerung eine Vielzahl von Sternen, die in leicht dreieckiger Form angeordnet sind. Der Haufen liegt schon im kleinen Sternbild Schild, in dem sich auch unser nächstes Ziel befindet.

❸ Schild-Wolke (Milchstraße) ✶

Verlängern Sie die Hauptlinie des Adlers über M 11 hinaus noch einmal um dieselbe Strecke, so gelangen Sie in den unteren Bereich des Sternbildes Schild. Es wird im Wesentlichen durch zwei nicht besonders helle Sterne charakterisiert, die parallel zur Hauptachse des Adlers angeordnet sind, allerdings leicht nach oben versetzt. Das Sternbild selbst ist relativ langweilig. Bei nicht allzu hellem Himmel zeigt sich dort im Fernglas jedoch eine deutliche Aufhellung. Diese sogenannte Schild-Wolke ist ein heller Bereich der Milchstraße, in dem besonders viele Sterne auf engem Raum konzentriert sind.

❹ Adlernebel (M 16) ✶✶

Wandern Sie nun von der Schild-Wolke aus noch weiter Richtung Südhorizont, indem Sie die Verbindungslinie der beiden „hellsten" Schild-Sterne etwa eineinhalbmal verlängern, so gelangen Sie zum berühmten Adlernebel M 16. Vom Nebel selbst sehen Sie in der Stadt leider nichts, er beherbergt aber einen Sternhaufen, den Sie bereits im Fernglas als nebligen Fleck erkennen können.

❺ Sternbild Schlange ✶✶

Mit dem Adlernebel sind wir gegen Ende der Tour bereits in das Sternbild Schlange vorgedrungen. In direkter, westlicher (rechter) Nachbarschaft zum Schild liegt der Schwanz der Schlange. Eine Kette lichtschwacher Sterne befindet sich etwa parallel zur Hauptachse des Adlers und deutet Richtung Atair. Um den Kopf der Schlange zu finden, müssen Sie erst ein anderes Sternbild nach Westen „überqueren": den Schlangenträger. Er zeichnet sich durch einen großen, lichtschwachen Sternring aus, der genauer in der Sommertour 2 beschrieben wurde. Rechts oben von diesem Ring – oder auch knapp eine Handbreit unterhalb der Nördlichen Krone – finden Sie ein kleines, aber recht auffälliges Dreieck aus lichtschwachen Sternen, das den Kopf der Schlange repräsentiert. Der Schlangenkörper setzt sich darunter weiter fort. Die Schlange wird durch den Schlangenträger in zwei Teile getrennt.

❻ Offener Sternhaufen NGC 6633 ✶

Fahren Sie nun noch einmal vom unteren Schild-Stern ausgehend senkrecht nach oben, bis kurz unter die Höhe von Atair: Dort treffen Sie auf den recht verstreuten Offenen Sternhaufen NGC 6633. Er ist im Fernglas gut sichtbar, wenn auch nicht einfach zu finden.

✶✶✶ einfach ✶✶ mittel ✶ schwierig

SOMMER 6 • WISSENSWERTES

Adler, Schlange

1 Sternbild Adler

Der Adler ist ein prominentes Sommersternbild, das jedoch nicht ganz so bekannt ist wie der Schwan oder die Leier, die in den Sommermonaten hoch am Himmel stehen. Der Adler hingegen steht in unseren Breiten immer recht nah am Horizont. Trotzdem ist die Vogelform leicht erkennbar: Mit ausgebreiteten Schwingen scheint das Tier Richtung Norden die Milchstraße entlangzufliegen. Das Sternbild war bereits in der Antike bekannt. In der griechischen Mythologie repräsentiert es den Adler, der immer wieder zu dem gefesselten Titanen Prometheus flog und ihm die Leber aushackte, die aber sofort wieder nachwuchs. Prometheus sollte so ewiglich von den Göttern dafür bestraft werden, dass er den Menschen das Feuer und die Wissenschaften gebracht hatte. Der heldenhafte Herkules setzte diesem Leiden schließlich ein Ende, indem er den Adler mit einem Pfeil erschoss. Auch der Pfeil ist in der Nachbarschaft des Adlers am Himmel verewigt.

Atair, der Adler-Hauptstern, ist ein heller, weißer Stern, dessen arabischer Name so viel bedeutet wie „fliegender Adler". Direkt rechts und links neben ihm stehen am Himmel zwei weitere Sterne: Es sind die beiden „Wächtersterne" Alshain und Tarazed, die den Adler zu bewachen scheinen. Atair gehört mit einer Entfernung von nur 17 Lichtjahren zu den nächsten Nachbarsternen unserer Sonne. Er zählt daher auch zu den 20 hellsten Sternen am Himmel und ist mit nur wenigen Hundert Millionen Jahren ein Stern jüngeren Alters. Messungen haben ergeben, dass er sehr schnell rotiert: In nur 10,4 Stunden dreht er sich um seine eigene Achse, während unsere Sonne für

Der Wildentenhaufen M 11 ist ein sehr sternreicher Offener Haufen.

eine Rotation rund 25 Tage benötigt. Durch die dabei auftretenden Fliehkräfte ist Atair nicht vollkommen rund, sondern leicht oval – im Teleskop ist dies aber nicht sichtbar. Nur etwas größer als unsere Sonne strahlt der Hauptstern des Adlers rund 10-mal so hell wie sie.

2 Wildentenhaufen (M 11)

Der Offene Sternhaufen M 11 wurde von dem deutschen Astronomen Gottfried Kirch im Jahr 1681 entdeckt, lange Zeit also, bevor Charles Messier ihn 1764 in seinen Katalog aufnahm. Seinen Namen verdankt der Haufen dem englischen Amateurastronomen Admiral Smith, der sich 1835 durch die dreieckige Form des Sternhaufens an den Formationsflug eines Wildentenschwarms erinnert fühlte. Mit rund 3000 Sternen zählt M 11 für einen Offenen Haufen recht viele Mitglieder, die bemerkenswert stark zum Zentrum konzentriert sind. Eine Zeitlang wurde er deswegen als Zwischentyp zwischen einem aufgelockerten Kugelhaufen und einem dichten Offenen Sternhaufen geführt. M 11 steht in rund 6000 Lichtjahren Entfernung und ist etwa 118 Millionen Jahre alt.

3 Schild-Wolke (Milchstraße)

Das Sternbild Schild ist sehr unscheinbar, da es nur aus lichtschwachen Sternen besteht. In der Antike war es daher unbekannt, erst Ende des 17. Jahrhunderts wurde es von dem polnischen Astronomen Johannes Hevelius aus Dankbarkeit gegenüber seinem Förderer eingeführt. Symbolisch steht das Schild für das Wappenschild des Königs Jan III. Sobieski, es soll an dessen siegreiche

Der Adler scheint am Himmel die Milchstraße entlang zu fliegen und zwischen Pfeil und Delfin durchzustoßen.

Schlacht am Kahlenberg bei Wien gegen die Türken im Jahr 1683 erinnern. Der Polenkönig ist damit eine der wenigen Personen der jüngeren Geschichte, die am Himmel verewigt wurden.

Unter einem dunklen Himmel fast besser sichtbar als das ganze Sternbild ist der helle Bereich im Süden des Bildes, die Schild-Wolke. Es handelt sich hier um einen mit unzähligen Sternen dicht besetzten Teil der Milchstraße, dessen Licht als Ganzes einen wolkenartigen Eindruck vermittelt. Der zuvor beschriebene Wildentenhaufen M 11 steht am nordöstlichen Rand dieser Schild-Wolke.

④ Adlernebel (M 16)

Trotz seines Namens liegt der Adlernebel nicht im Sternbild Adler, sondern in der Schlange. Das Messier-Objekt mit der Nummer 16 weist eine Besonderheit auf, denn es besteht eigentlich aus zwei Objekten: Den Sternhaufen mit der Katalognummer NGC 6611 entdeckte der Schweizer Amateurastronom Jean-Philippe Loys de Chéseaux im Jahr 1745, den umgebenden Gasnebel mit der Bezeichnung IC 4703 fand Charles Messier, der 1764 beide als M 16 katalogisierte. Während der Sternhaufen schon im Fernglas sichtbar ist, treten die Nebelstrukturen erst unter dunklem Himmel in einem größeren Teleskop hervor.

Nebel und Sternhaufen bilden zusammen eine rund 5 Millionen Jahre alte Sternentstehungsregion, die in 5600 Lichtjahren Entfernung steht. Berühmt ist der Nebel für seine mehrere Lichtjahre langen „Elefantenrüssel". So werden die dunklen Staubsäulen genannt, die sich auf lang belichteten Fotos gegen das helle Licht der jungen Sterne und leuchtenden Nebelteile abheben. An den Spitzen dieser bizarren Staubwolken entstehen neue

Der Adlernebel ist bekannt für seine bizarren, dunklen Staubformationen. Der Sternhaufen NGC 6611 befindet sich rechts oberhalb des hellsten Nebelteils.

Sterne. Auch die rund 400 bereits vorhandenen Sterne des Sternhaufens NGC 6611 sind jung und heiß.

⑤ Sternbild Schlange

Das Sternbild Schlange ist sehr ausgedehnt und setzt sich nur aus lichtschwächeren Sternen zusammen. Dennoch ist es ein außergewöhnliches Sternbild: Als einziges aller Sternbilder besteht es aus zwei Teilen. Der Schlangenträger trennt es in den (westlichen) Kopf und den (östlichen) Schwanz des Tieres, wobei der Kopf im Frühjahr zuerst aufgeht. Das Sternbild ist schon seit dem Altertum bekannt. Es stellt die Schlange dar, die sich um den Äskulapstab windet, der als Symbol für die Heilkunde steht.

⑥ Offener Sternhaufen NGC 6633

Dieser schon im Sternbild Schlangenträger gelegene Sternhaufen ist nur etwa 1000 Lichtjahre von uns entfernt. Er enthält rund 30 recht verstreute Sterne und ist mit 650 Millionen Jahren für einen Offenen Haufen ziemlich alt. NGC 6633 wurde 1746 von dem schweizerischen Astronomen Jean-Philippe Loys de Chéseaux entdeckt. Unabhängig davon fand ihn im Jahr 1783 auch Caroline Herschel, eine der ersten Astrominnen, die mit ihrem Bruder Wilhelm Herschel zusammenarbeitete.

Südlich vom Sternbild Adler liegen der Offene Sternhaufen M 11 und die Schild-Wolke.

Der Sternhaufen NGC 6633 enthält nur wenige, verstreute Sterne. Im Fernglas ist er aber gut sichtbar.

SOMMER 7 • HIMMELSTOUR

Schwan

SICHTBARKEIT

Juni – Juli	August – September	Oktober – November
22 Uhr, Osten	**22 Uhr, Süden/Zenit**	22 Uhr, Westen

Tour 7 führt uns zu einem der markantesten Sternbilder des Himmels, dem Schwan. Da es mitten in der sommerlichen Milchstraße liegt, enthält das Sternbild reichlich Beobachtungsobjekte – auch für die Stadt.

① Sternbild Schwan ✦✦✦

Der Startpunkt dieser Tour liegt genau über Ihrem Kopf. Fast im Zenit sehen Sie den hellen, weißlichen Deneb, den Hauptstern im Schwan. Er verkörpert den Schwanz des Tieres. Wandern Sie von Deneb aus nach schräg rechts unten, so „laufen" Sie die Hauptachse des Schwans entlang, die aus einer Reihe von Sternen gebildet wird. Knapp zwei Handbreit unterhalb von Deneb erreichen Sie mit dem Stern Albireo den Kopf des Schwans. Senkrecht zur Hauptachse – etwa nach zwei Drittel des Weges zu Deneb wieder zurück – kreuzt eine zweite Sternreihe. Am Schnittpunkt der Achsen befindet sich der Stern Sadr. Aufgrund seiner Form wird der Schwan auch als „Kreuz des Nordens" bezeichnet (analog zum bekannten „Kreuz des Südens").

② Doppelstern Albireo ✦✦

Albireo ist der Kopf des Schwans, er liegt mitten im Sommerdreieck. In einem guten Fernglas auf einem Stativ entpuppt er sich gerade eben als Doppelstern. Warum er aber als einer der schönsten Doppelsterne am ganzen Himmel gilt, erkennen Sie nur im Teleskop: Die beiden Sterne zeigen einen beeindruckenden Farbkontrast, der hellere leuchtet gelborange, der schwächere bläulich.

③ Doppelstern Omikron 1 Cygni (o^1 Cyg) ✦✦

Für Fernglas-Beobachter bietet der Schwan eine ganze Reihe hübscher Doppelsterne. Noch einfacher zu erkennen als Albireo ist o^1 Cyg, der sich rechts von Deneb fast genau im Zenit befindet. o^1 Cyg ist hell und sehr leicht als doppelt zu erkennen. Schon im Fernglas ist hier ein deutlicher Farbunterschied der Komponenten zu sehen.

④ Doppelstern Omega 2 Cygni (ω^2 Cyg) ✦

Eine halbe Handbreit oberhalb von o^1 Cyg gelangen Sie zum nächsten Doppelstern: ω^2 Cyg ist etwas weniger hell als der vorige, im Fernglas aber ähnlich leicht zu trennen. Auch hier zeigen die Komponenten einen Farbunterschied.

⑤ Doppelstern Mü Cygni (µ Cyg) ✦✦

Der letzte Doppelstern, den wir im Schwan besuchen, ist der Stern µ Cyg. Er bildet das östliche (linke) Ende der Querachse des Kreuzes. Bei seinen Komponenten ist im Fernglas ein starker Helligkeitsunterschied zu bemerken, beide Sterne haben aber dieselbe Farbe.

⑥ Offener Sternhaufen M 29 ✦

Zum Ende der Tour nehmen wir uns noch zwei Offene Sternhaufen vor. In unmittelbarer Nähe südlich vom Kreuzungsstern Sadr treffen Sie auf den Sternhaufen M 29. Im Fernglas wirkt der nicht einfach zu erkennende Haufen wie ein milchiger Klecks in einem dunkleren Umfeld, im Fernrohr können Sie Einzelsterne erkennen.

⑦ Offener Sternhaufen M 39 ✦✦

Schwenken Sie nun von M 29 zu Deneb und verlängern Sie diese Strecke noch einmal über Deneb hinweg, so gelangen Sie zu M 39: In diesem Haufen lassen sich schon mit dem Fernglas einzelne Sterne erkennen.

LandhimmelTipp

Nordamerikanebel (NGC 7000) ✦

Den berühmten Nordamerikanebel (NGC 7000) finden Sie zwei Fingerbreit nordwestlich von Deneb. In einem lichtstarken Fernglas können Sie ihn unter dunklem Himmel als hakenförmige Kontur ausmachen. Im Teleskop sehen Sie nur Ausschnitte des großen Nebelgebietes, eine geringe Vergrößerung und ein Nebelfilter sind empfehlenswert (vgl. S. 59).

✦✦✦ einfach ✦✦ mittel ✦ schwierig

Schwan

1 Sternbild Schwan

Der Schwan ist eines der bekanntesten Sommersternbilder, er ist ähnlich markant und leicht erkennbar wie das Wintersternbild Orion. Schon bei den alten Griechen war der Schwan bekannt: In der griechischen Mythologie verwandelte sich der liebestolle Göttervater Zeus in das stolze Tier, um Leda, die Königin von Sparta, zu verführen. Aus der Verbindung der beiden entstanden die schöne Helena von Troja sowie Pollux, einer der himmlischen Zwillinge. Einen fliegenden Schwan kann man sich bei dieser Sternfigur gut vorstellen, er erstreckt sich entlang der Sommermilchstraße und beherbergt daher zahlreiche Sternhaufen und Gasnebel. Mit der Hauptachse als Wegweiser können Sie in dunklen Nächten auch innerhalb der Stadt – besser aber in Vororten – einmal versuchen, das schimmernde Band der Milchstraße zu sichten. Sehr empfehlenswert ist es, den Schwan einmal mit dem Fernglas „abzufahren" und sich von seiner Sternfülle beeindrucken zu lassen.

Der Name des Hauptsterns, Deneb, stammt aus dem Arabischen und bedeutet so viel wie „Schwanz" (des Schwans). Deneb erscheint zwar als der lichtschwächste Stern des Sommerdreiecks, in Wirklichkeit strahlt er aber viel kräftiger als seine beiden Kollegen Wega in der Leier und Atair im Adler: 130.000-mal so hell wie unsere Sonne, zählt Deneb sogar zu den leuchtkräftigsten Sternen überhaupt. Nur weil er mit 3200 Lichtjahren Entfernung sehr weit weg ist, wirkt er schwächer als die beiden anderen Dreieckssterne. In seinem Inneren hätte die gesamte

Lang belichtetes Foto der nördlichen Region des Schwan-Kreuzes mit dem Hauptstern Deneb, dem Kreuzungsstern Sadr, dem Nordamerikanebel (NGC 7000) sowie den Doppelsternen o¹ und ω² Cyg.

Bahn der Erde um die Sonne Platz, denn Deneb ist rund 300-mal so groß wie unsere Sonne. In Deutschland ist er zirkumpolar, selbst im Winter sinkt er nicht unter den Horizont, über den er sich dann aber auch kaum erhebt.

Der Schwan scheint entlang der Sommermilchstraße Richtung Horizont zu fliegen.

2 Doppelstern Albireo

Albireo steht in rund 390 Lichtjahren Entfernung. Auch die Araber sahen bei Albireo den Kopf des Schwans, sein Name bedeutet übersetzt „Schnabel".
Die beiden Albireo-Komponenten benötigen für einen gegenseitigen Umlauf mehrere Tausend Jahre. Der hellere Stern ist ein orangeroter Überriese, 20-mal so groß wie die Sonne und 100-mal so hell wie sie. Der schöne Doppelstern Albireo ist ein dankbares Beobachtungsobjekt: Er ist leicht auffindbar und über einen langen Zeitraum im Jahr sichtbar.

Im Fernrohr sind die verschiedenen Farben der beiden Albireo-Komponenten gut zu erkennen.

3 Doppelstern Omikron 1 Cygni (o¹ Cyg)

Auch o¹ Cyg ist ein eindrucksvoller Doppelstern mit einem hübschen Farbkontrast: Die hellere Komponente strahlt leicht gelborange, der schwächere Begleiter blauweiß. Die Sterne stehen am Himmel nur scheinbar zusammen, in Wirklichkeit trennen sie Hunderte Lichtjahre. Während der hellere Stern in 1400 Lichtjahren Entfernung steht, ist uns der schwächere mit 750 Lichtjahren näher. Eigentlich handelt es sich sogar um drei Sterne: Ein dritter, recht lichtschwacher Stern von ebenfalls bläulicher Färbung komplettiert das Trio. Mit einem guten Fernglas oder kleinen Teleskop können Sie ihn in der Nähe des orangeroten Riesen entdecken. Auch er ist nicht an einen der beiden anderen Sterne gebunden, sondern steht nur scheinbar bei ihnen.

4 Doppelstern Omega 2 Cygni (ω² Cyg)

Der Farbunterschied der beiden Sternkomponenten ist beim Doppelstern ω² Cyg schwieriger zu erkennen als bei o¹ Cyg, da die beteiligten Sterne schwächer sind. Der hellere strahlt jedoch gelblich orange, der schwächere bläulich. Das System liegt in 430 Lichtjahren Entfernung.

5 Doppelstern Mü Cygni (μ Cyg)

Auch μ Cyg ist eigentlich ein Dreifachstern. Die hellere, weiße Hauptkomponente kann in einem großen Teleskop wiederum in zwei Sterne getrennt werden. Es handelt sich dabei um einen engen physischen (tatsächlichen) Doppelstern in 73 Lichtjahren Entfernung. Die Sterne umkreisen einander in einem Zeitraum von 790 Jahren. Bis zum Jahr 2043 bewegen sie sich aufeinander zu, der gegenseitige Abstand wird aus unserer Sicht also noch kleiner. Der im Fernglas und im kleinen Teleskop sichtbare schwache, ebenfalls weiße Begleiter der Hauptkomponente steht nur scheinbar in der Nähe dieses Systems, tatsächlich ist er 250 Lichtjahre von uns entfernt.

6 Offener Sternhaufen M 29

Der Sternhaufen M 29 trägt bei Himmelsbeobachtern auch den Namen „Mini-Plejaden". Betrachtet man ihn in einem kleinen Fernrohr, so fallen sechs Sterne ins Auge, die an den prominenten Sternhaufen der Plejaden im Wintersternbild Stier erinnern. Um den Haufen im Fernrohr überhaupt zu erkennen, sollten Sie nur gering vergrößern. M 29 hat rund 100 Sterne zu bieten, er ist knapp 4000 Lichtjahre entfernt

Der kleine Sternhaufen M 29 trägt den Spitznamen „Mini-Plejaden", da er an die Plejaden im Stier erinnert.

und mit 5 Millionen Jahren erst jüngeren Alters. Der Haufen wurde 1764 von Charles Messier entdeckt und in seinen Katalog aufgenommen.

7 Offener Sternhaufen M 39

Im Vergleich zu M 29 steht uns der Offene Sternhaufen M 39 mit nur rund 900 Lichtjahren sehr viel näher. Im Fernglas ist er gut auszumachen, da er aber nur 30 Mitgliedern enthält, ist er im Teleskop nicht lohnend. Mit 450 Millionen Jahren ist er deutlich älter als die Mini-Plejaden. Von der räumlichen Ausdehnung her ist M 39 mit nur neun Lichtjahren eines der kleinsten Objekte der gesamten Messier-Liste. Charles Messier entdeckte und katalogisierte ihn 1764.

Der Sternhaufen M 39 ist ein hübsches Fernglas-Objekt.

Nordamerikanebel (NGC 7000)

Der Nordamerikanebel ist eine leuchtende Gaswolke, deren Form auf lang belichteten Aufnahmen wunderbar hervortritt und an die Umrisse des nordamerikanischen Kontinents erinnert. Die auffälligste Struktur ist der „Golf von Mexiko", der zusammen mit der „Ostküste" durch eine vorgelagerte, dunkle Staubwolke gebildet wird. NGC 7000 überdeckt einen großen Bereich am Himmel, wegen seiner geringen Flächenhelligkeit ist er jedoch nicht einfach zu sichten. Der Nebel befindet sich in rund 2500 Lichtjahren Entfernung und ist Teil einer großen Gas- und Staubwolke.

Der ausgedehnte Nebel NGC 7000 zeigt auf lang belichteten Fotografien die Konturen Nordamerikas.

SOMMER 8 • HIMMELSTOUR

Pfeil, Delfin, Steinbock

SICHTBARKEIT		
Ende Juli – August	Mitte August – September	Oktober
22 Uhr, Südosten	22 Uhr, Süden	22 Uhr, Südwesten

Unsere letzte Tour über den Sommerhimmel mit Blickrichtung Süden führt uns in das Himmelsgebiet südöstlich des hellen Sommerdreiecks. Hier finden sich Sternbilder mit eher schwächeren Sternen, die jedoch zum Teil markante Formen aufweisen.

❶ 👁 Sternbild Pfeil ✶✶

Das kleine Sternbild Pfeil können Sie schnell finden, wenn Sie sich das Sommerdreieck als eine große, dreieckige Papiertüte vorstellen: Im unteren Drittel der Tüte finden sich vier Sterne, die den Pfeil formen. Die Spitze zeigt dabei nach links oben, das mit Federn besetzte Ende nach rechts unten.

❷ ⚡ Sternanordnung „Kleiderbügel" ✶✶

Der Pfeil weist den Weg zu einer netten Sternformation, die im unscheinbaren Sternbild Füchschen liegt. Ziehen Sie in Gedanken eine Linie von Atair zu Wega und wandern Sie darauf mit dem Fernglas von Atair bis zum Feder-Ende des Pfeils. Dann springt Ihnen die interessante, kleine Formation schnell ins Auge. Sechs Sterne stehen fast in einer Reihe, vier weitere bilden in deren Mitte einen kleinen Bogen in südlicher Richtung: ein „Kleiderbügel", der am Himmel allerdings auf dem Kopf hängt.

❸ ⚡ Doppelstern 15 Sagittae (15 Sge) ✶

Das Sternbild Pfeil enthält mit 15 Sge einen weiten Doppelstern, der mit dem Fernglas leicht zu trennen ist. Jedoch sind die beiden Komponenten recht lichtschwach und auch nicht ganz einfach zu finden: Sie liegen etwa einen Fingerbreit südlich der Pfeilspitze. Der Begleitstern ist noch lichtschwächer als der Hauptstern.

❹ 👁 Sternbild Delfin ✶✶

Wir verlassen nun das Sternbild Pfeil und wandern ein Stück nach Südosten (links unten). Etwa eine Handbreit vom Pfeil entfernt erkennen Sie eine kleine, aber markante Sternanordnung. Es ist das Sternbild Delfin, das im Wesentlichen aus fünf mittelhellen Sternen besteht. Vier davon bilden eine Raute (den Kopf und Körper des Delfins), der fünfte fungiert als Schwanz. Das Sternbild ist trotz seiner geringen Größe sehr einprägsam.

❺ 👁 Sternbild Steinbock ✶

Vom Delfin aus geht es nun ganz nach unten. Am Horizont bis rund zwei Handbreit darüber sind mehrere Sterne zu erkennen, die ein etwa handgroßes Dreieck nachzeichnen; die untere Spitze scheint dabei im Horizont zu stecken. Dies ist das Sternbild Steinbock.

❻ 👁 ⚡ Doppelsterne Algiedi, Beta Capricorni (β Cap) ✶✶

Im Steinbock fällt der Hauptstern Algiedi in der rechten oberen Ecke als einer der ersten auf. Schon mit bloßem Auge ist er als Doppelstern zu identifizieren, sofern der Himmel nicht allzu hell ist. Für den Doppelstern β Cap, direkt unter dem Hauptstern, ist dagegen ein Fernglas angebracht. Damit lassen sich seine beiden sehr unterschiedlich hellen Sternkomponenten leicht trennen. Schön sind ihre verschiedenen Farben: Der hellere leuchtet gelblich, der schwächere eher bläulich.

❼ ⚡ Doppelstern Rho Capricorni (ρ Cap) ✶

Etwas schwieriger zu finden ist der Doppelstern ρ Cap, der genau in der Verlängerung der beiden vorgenannten Sterne nach unten liegt. Der Abstand der beiden Sternkomponenten ist ähnlich groß wie bei β Cap, der Doppelstern ist also mit einem Fernglas leicht zu trennen. Allerdings sind die Sterne lichtschwächer.

LandhimmelTipp

⚡ ✏ Hantelnebel (M 27) ✶✶

Einen Fingerbreit oberhalb der Pfeil-Spitze finden Sie den berühmten Planetarischen Nebel M 27. Bei dunklem Himmel ist er schon im Fernglas zu erahnen, in einem größeren Teleskop zeigt sich auch die Hantelform, der er seinen Namen verdankt.

✶✶✶ einfach ✶✶ mittel ✶ schwierig

SOMMER 8 • WISSENSWERTES

Pfeil, Delfin, Steinbock

❶ Sternbild Pfeil

Der Pfeil ist das drittkleinste Sternbild überhaupt, nur das berühmte Kreuz des Südens und das unscheinbare Sternbild Füllen nehmen noch weniger Fläche am Himmel ein. Die Pfeil-Sterne sind recht lichtschwach, daher ist das Sternbild nicht besonders auffällig. Aber es zeigt eine markante Form, die Sie immer wieder schnell finden werden. Das Sternbild war daher auch schon im Altertum bekannt, und alle Kulturen sahen darin einen Pfeil. Die Nähe zum darunter liegenden Adler ist kein Zufall: Die alten Griechen interpretierten den Pfeil als denjenigen, mit dem der Held Herkules den Adler erschoss, der dem gefangenen Prometheus stets die Leber aushackte. Prometheus hatte den Menschen das Feuer und die Wissenschaften gebracht, wofür er von den Göttern auf diese Art grausam bestraft wurde.

Der Pfeil ist klein, aber markant. Über seinem Federende befindet sich der „Kleiderbügel".

❷ Sternanordnung „Kleiderbügel"

Der „Kleiderbügel" wurde bereits vor über 1000 Jahren von dem persischen Astronomen Al Sufi beobachtet und als „kleine Wolke" beschrieben. Heute trägt die Sternansammlung die offizielle Bezeichnung Collinder 399 und ist seit 1931 im Katalog des schwedischen Astronomen Per Collinder verzeichnet, der knapp 500 Offene Sternhaufen enthält. Eine andere Bezeichnung lautet „Brocchi-Haufen". Sie nimmt Bezug auf den amerikanischen Amateurastronomen D. F. Brocchi, der den Haufen näher untersucht hat.

Seine Entfernung liegt bei rund 400 Lichtjahren. Man vermutet aber, dass nicht alle Kleiderbügel-Sterne wirklich physikalisch zusammengehören. Der Haufen befindet sich im kaum sichtbaren, neuzeitlichen Sternbild Füchschen, das im 17. Jahrhundert von dem Danziger Astronomen und Ratsherrn Johannes Hevelius eingeführt wurde.

❸ Doppelstern 15 Sagittae (15 Sge)

Der im Fernglas leicht trennbare Doppelstern 15 Sge ist nur scheinbar ein Doppelsystem, es handelt sich um einen optischen Doppelstern, bei dem die beiden Komponenten physikalisch nicht zusammengehören. Der Hauptstern leuchtet in weißer Farbe und hat eine Entfernung von knapp 60 Lichtjahren, der schwächere Begleiter zeigt eine bläuliche Färbung und steht rund 600 Lichtjahre entfernt. Der Hauptstern ist unserer Sonne hinsichtlich Masse, Radius und Leuchtkraft recht ähnlich, er hat aber noch einen tatsächlichen, sehr engen Begleiter. Dieser ist ein sogenannter Brauner Zwerg, ein sehr lichtschwaches Objekt, dessen Masse zwischen derjenigen eines Sterns und der eines Planeten liegt.

Der „Kleiderbügel" im Foto. Im Fernglas hängt der Bügel am Himmel auf dem Kopf.

❹ Sternbild Delfin

Dieses markante Sternbild wurde schon in der Antike als Delfin gedeutet und bereits von Ptolemäus im 2. Jahrhundert n.Chr. erwähnt. Um seine beiden hellsten Sterne α und β Del rankt sich eine besondere Geschichte: Mit ihren Namen – Sualocin und Rotanev (s. S. 69) – verewigte sich im Jahr 1814 ein Astronom am Himmel. Denn rückwärts gelesen ergeben die

Worte „Nicolaus Venator", die latinisierte Version des Namens von Niccolò Cacciatore. Dieser war Assistent und Nachfolger des italienischen Astronomen Giuseppe Piazzi am Observatorium von Palermo, der durch die Entdeckung des Planetoiden Ceres bekannt wurde. Cacciatore schaffte es so – übrigens als einziger Astronom bisher – seinen Namen in die Sternkataloge zu bringen.

Auch der Delfin ist einprägsam und am Himmel leicht zu finden.

5 Sternbild Steinbock

Der Steinbock ist ein lichtschwaches und wenig auffälliges Tierkreissternbild. Er gehört also zu dem Kreis der 13 Sternbilder, durch die sich Sonne, Mond und Planeten am Himmel bewegen. Der Steinbock wurde schon in der Antike beschrieben und wird häufig als Ziegenbock mit Fischschwanz dargestellt. In der griechischen Mythologie symbolisierte er den ziegenköpfigen Gott Pan, der in einen Fluss sprang, um dem Monster Typhon zu entkommen. Dabei wollte er sich in einen Fisch verwandeln, was ihm aber nur mit der unteren Körperhälfte gelang.

Vor rund 2000 Jahren stand die Sonne zum Zeitpunkt der Wintersonnenwende im Steinbock, wo sie ihren jährlichen Tiefststand am Himmel erreichte. Heute liegt dieser Winterpunkt aufgrund der Kreiselbewegung der Erdachse (der Präzession) im Sternbild Schütze. Noch heute bezeichnet man aber den südlichen Wendekreis bei 23,5 Grad südlicher Breite auf der Erde als Wendekreis des Steinbocks. Dort steht die Sonne zur Wintersonnenwende am 21. oder 22. Dezember im Zenit.

6 Doppelsterne Algiedi, Beta Capricorni (β Cap)

Der hellste Stern im Steinbock trägt den aus dem Arabischen stammenden Namen Algiedi, was so viel wie „Zicklein" bedeutet. Seine beiden weiten Sternkomponenten sind physikalisch nicht aneinander gebunden, sie stehen nur zufällig in der gleichen Richtung am Himmel. Es handelt sich um zwei gelbe Riesensterne, von denen der hellere rund 700 Lichtjahre entfernt ist, der schwächere jedoch nur 108. Beide Sterne haben jeweils noch tatsächliche, enge Begleitsterne, die aber weder im Fernglas noch in einem kleinen Teleskop zu sehen sind.

Auch bei β Cap stehen die Komponenten recht weit auseinander. Im Unterschied zu Algiedi handelt es sich hier aber um einen physischen Doppelstern. Beide Sterne, ein goldgelber Riese und ein schwächerer blauweißer Begleiter, stehen in etwa 340 Lichtjahren Entfernung.

7 Doppelstern Rho Capricorni (ρ Cap)

ρ Cap ist wie Algiedi „nur" ein optischer Doppelstern, dessen Komponenten keine physikalische Beziehung zueinander haben. Der hellere Stern ist rund 100 Lichtjahre entfernt und hat einen engen, lichtschwachen Begleitstern, der nur in einem großen Teleskop sichtbar ist. Der schwächere Stern von ρ Cap steht in etwa 500 Lichtjahren Entfernung.

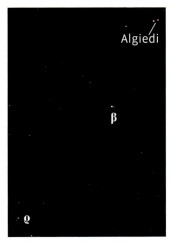

Die drei Doppelsterne Algiedi, β und ρ Cap im Sternbild Steinbock.

Hantelnebel (M 27)

Der Hantelnebel im Sternbild Füchschen ist einer der hellsten Planetarischen Nebel am Himmel und mit rund 1200 Lichtjahren Entfernung auch einer der nächsten. Er wurde 1764 als erster Vertreter seiner Art von Charles Messier entdeckt und erhielt seinen Namen vom deutsch-englischen Astronomen Wilhelm Herschel. In seinem Zentrum birgt der Nebel einen sterbenden Stern, der seine äußere Gashülle in den Weltraum abgeblasen hat. Diese wird durch den verbliebenen heißen Sternkern, einen Weißen Zwerg mit 85.000 Grad Oberflächentemperatur, zum Leuchten angeregt. Der Zentralstern selbst ist nur in großen Teleskopen zu sehen. Der Nebel ist rund 10.000 Jahre alt, in weiteren 10.000 bis 20.000 Jahren wird er sich so weit im All verdünnt haben, dass er nicht mehr sichtbar ist.

Der Hantelnebel M 27 im Sternbild Füchschen ist unter einem dunklen Himmel schon mit dem Fernglas auffindbar.

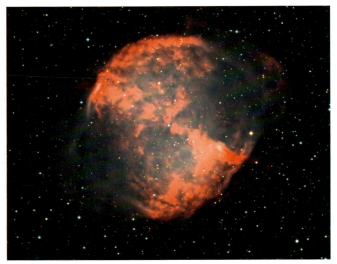

SOMMER 9 • HIMMELSTOUR

Großer Wagen, Drache

SICHTBARKEIT		
Februar – März	April – Juni	**Juli – August**
22 Uhr, Nordosten	22 Uhr, Norden/Zenit	**22 Uhr, Nordwesten**

Die Sommertour mit Blickrichtung Norden nimmt die bekannteste Sternanordnung ins Visier, den Großen Wagen. Er ist Teil des Sternbildes Großer Bär, in dessen Nähe sich auch der unscheinbare Drache über den Himmel schlängelt.

❶ 👁 Sternanordnung Großer Wagen ★★★
Der Große Wagen steht jetzt im Sommer halbhoch am Nordwesthimmel. Er ist nach rechts gekippt, die Deichsel steht nach oben. In dieser halbwegs bequemen Beobachtungsposition betrachten wir ihn nun genauer.

❷ 👁 ⚡ Doppelstern Mizar, Alkor ★★★
Im Großen Wagen finden Sie mit Mizar und Alkor einen hübschen Doppelstern: Das Pärchen bildet gemeinsam den mittleren Stern der Wagendeichsel und steht genau an ihrem Knick. Mit normaler Sehkraft können Sie Alkor bereits ohne Fernglas neben Mizar ausmachen.

❸ 👁 Sternanordnung Drachenkopf ★★
Wandern Sie von der Wagendeichsel in Richtung Kleiner Wagen, so gelangen Sie in den Bereich des Sternbildes Drache. Es ist sehr unauffällig, aber weit ausgedehnt. Die Figur schlängelt sich zwischen dem Großen und Kleinen Bären hindurch, windet sich noch ein Stück um den Polarstern und steigt schließlich mit dem Kopf Richtung Zenit. Den Drachenkopf bildet ein markantes Sternviereck, etwa so groß wie der Kasten des Kleinen Wagens. Es ist rund drei Handbreit vom Polarstern entfernt.

❹ ⚡ Doppelstern Nü Draconis (ν Dra) ★★
ν Dra ist der schwächste Stern im Drachenkopf, er bildet den linken unteren Vierecksstern. Im Fernglas können Sie die beiden Sternkomponenten gut trennen, es sind quasi „Zwillingssterne": Beide sind gleich hell und weiß.

❺ ⚡ Doppelstern 17, 16 Draconis (17, 16 Dra) ★★
Der Doppelstern 17, 16 Dra liegt eine knappe Handbreit vom Drachenkopf entfernt in Richtung der Deichsel des Großen Wagens. Verlängern Sie zum Aufsuchen die Linie zwischen den beiden unteren Sternen des Kopfes um eine Handbreit, dann finden Sie 17 und 16 Dra. Auch hier sind im Fernglas zwei etwa gleich helle, weiße Sterne zu sehen, ihr gegenseitiger Abstand ist sogar noch etwas größer als der der Komponenten von ν Dra.

❻ 👁 Stern Kapella ★★★
Kapella gehört eigentlich an den Winterhimmel, der Stern zählt zum Wintersternbild Fuhrmann (Wintertour 3). Kapella ist jedoch zirkumpolar, sie geht in unseren Breiten also niemals unter. Den ganzen Sommer über können Sie den hellen, gelblichen Stern daher tief am Nordhorizont ausmachen. Wegen ihrer großen Helligkeit ist Kapella meist auch durch die dunstigen, horizontnahen Luftschichten gut erkennbar.

LandhimmelTipp

🖉 Galaxien M 81, M 82 ★
Für Fernrohrbesitzer bietet der Große Bär unter einem dunklen Landhimmel noch eine Attraktion: das hübsche Galaxienpaar M 81 und M 82. Beide stehen vom hinteren, oberen Kastenstern des Großen Wagens (Dubhe) aus etwa eine Handbreit Richtung Polarstern. Während sich M 81 als kleiner, rundlicher Fleck zeigt, erscheint M 82 als Strich. Bei geringer Vergrößerung können sie zusammen beobachtet werden.

Info

👁 Großer Wagen – Kassiopeia ★★★
Das Gespann Großer Wagen – Kassiopeia erscheint im Sommer in Links-Rechts-Stellung. Der Große Wagen steht, vom Polarstern aus gesehen, links mit steil nach oben verlaufender Deichsel. Die Kassiopeia dagegen befindet sich rechts vom Polarstern. Das Himmels-W ist schräg nach links gekippt.

★★★ einfach ★★ mittel ★ schwierig

Großer Wagen, Drache

❶ Sternanordnung Großer Wagen

Der Große Wagen ist zwar sehr bekannt, er zählt aber nicht als eigenes Sternbild. Vielmehr ist er Teil des weit ausgedehnteren Sternbildes Großer Bär. Am Stadthimmel ist es nicht leicht, den Großen Bären zu erkennen, da er eher lichtschwache Sterne enthält. Der Große Wagen repräsentiert das Hinterteil des Bären: Der Kasten stellt den Schinken dar, die Deichsel den – zoologisch gesehen – viel zu langen Bärenschwanz.

Der hellste Stern des Wagens heißt Dubhe (arab., Bär), er ist der hintere obere Kastenstern. Abgesehen von Dubhe und Alkaid, dem letzten Deichselstern, sind die restlichen fünf Sterne des Wagens alle etwa gleich weit weg, ihre Entfernungen liegen zwischen 78 und 84 Lichtjahren. Die Sterne zeigen auch eine gleichartige Eigenbewegung über den Himmel. Zusammen mit rund 100 weiteren, scheinbar über den ganzen Himmel verstreuten Sternen zählen sie zum sogenannten Bärenstrom. Sie bilden eigentlich den uns nächsten Sternhaufen, den Ursa-Maior-Haufen (Ursa Maior, lat.: Große Bärin). Da der Haufen aber in unserer unmittelbaren Nähe liegt, genauer gesagt, wir sogar durch seine Außenbereiche wandern, erscheinen uns seine Mitglieder über den ganzen Himmel verstreut – wir nehmen ihn als Haufen nicht wahr. Die Sterne Dubhe und Alkaid gehören nicht zum Ursa-Maior-Haufen, sie stehen mit 124 und 102 Lichtjahren Entfernung deutlich weiter weg.

Alle Sterne des Großen Wagens sind zirkumpolar. Während der Wagen im Frühjahr kopfüber hoch am Himmel hängt, fährt er im Herbst richtig herum am Horizont entlang. Oft wird er dabei von Bäumen, Häusern oder Bergen verdeckt und ist nicht gut zu beobachten. Im Sommer und im Winter steht er jeweils halbhoch am Himmel, in einer recht bequemen Beobachtungsposition. Der Große Bär und damit auch der Große Wagen stehen weit abseits des Milchstraßenbandes. Hier haben wir also „freie Sicht" in den Weltraum, daher lassen sich dort zahlreiche Galaxien finden. Ganz in der Nähe des letzten Deichselsterns Alkaid steht die berühmte Strudelgalaxie M 51, auf die in der Frühlingstour 3 hingewiesen wurde, und rechts oberhalb des Wagenkastens, Richtung Polarstern, treffen Sie auf das Galaxienpaar M 81/82.

❷ Doppelstern Mizar, Alkor

Die beiden Deichselsterne Mizar und Alkor stehen nur scheinbar zusammen, in Wirklichkeit sind sie nicht durch ihre Schwerkraft aneinander gebunden und stehen weit auseinander: Während Mizar 78 Lichtjahre von uns entfernt ist, sind es bei Alkor 81. In einem Fernrohr können Sie erkennen, dass Mizar noch einen weiteren, engen Begleiter hat: Hier stehen zwei weiße, unterschiedlich helle Sterne beisammen, die einen physischen (tatsächlichen) Doppelstern bilden. Der Mizar-Begleiter wurde im Jahr 1650 von dem italienischen Astronomen Giovanni Riccioli entdeckt. Er war der erste Doppelstern, der mit einem Teleskop nachgewiesen wurde. Heute weiß man, dass sowohl beide Mizar-Komponenten als auch Alkor jeweils noch einen weiteren, engen Begleiter haben – Sie haben also sechs Sterne vor sich, von denen aber maximal drei im Teleskop sichtbar sind. Der arabische Name Alkor bedeutet übersetzt „Reiterlein", der Stern scheint quasi auf der Wagendeichsel zu reiten.

❸ Sternanordnung Drachenkopf

Auch das Sternbild Drache ist ein altes Sternbild. In der griechischen Mythologie repräsentierte es den Drachen

Der Große Wagen mit Wagenkasten, Deichsel und Pferden in figürlicher Darstellung.

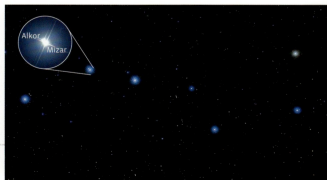

Der Große Wagen am Himmel: Bei genauem Hinsehen ist Alkor neben Mizar zu erkennen.

Die Galaxie M 81 zeigt auf lang belichteten Aufnahmen eine ausgesprochen schöne Spiralstruktur.

Ladon, der den Garten der Hesperiden bewachte, in dem sich die goldenen Äpfel des Lebens befanden. Herkules erschlug den Drachen, um seine zwölfte Aufgabe zu erfüllen und die Äpfel zu stehlen. Am Himmel sind der Drache und Herkules Nachbarn, Letzterer hat seinen Fuß auf den Drachenkopf gestellt. Das Sternbild Drache ist wenig bekannt, da es fast nur lichtschwächere Sterne enthält. Es ist aber sehr ausgedehnt und schlängelt sich um den Kasten des Kleinen Wagens herum. Der Drachenschwanz trennt den Großen und Kleinen Wagen, der markante Kopf steht im Juli fast im Zenit. Im Winter ist er über dem Nordhorizont zu finden. Da sich der Drache nah am Himmelspol befindet, ist er bei uns zirkumpolar.

Sein einzig hellerer Stern ist Gamma Draconis (γ Dra), er bildet die rechte obere Ecke des Drachenkopf-Vierecks. Sein arabischer Name lautet Eltanin, übersetzt bedeutet dies „das Haupt des Drachen". Der Stern mit der Bezeichnung Alpha Draconis (α Dra) heißt Thuban (arab., Drache). Vor rund 5000 Jahren stand er dem Himmelspol noch näher als unser heutiger Polarstern. Trotz des ihm zugeordneten Buchstabens α ist er aber nicht der hellste Drachenstern – diese Position hat vielmehr Eltanin inne.

④ ⑤ Doppelsterne Nü Draconis (ν Dra) und 17, 16 Draconis (17, 16 Dra)

ν Dra ist ein recht einfach zu trennender, hübscher Doppelstern. Von seinen beiden weißen Sternkomponenten trennen uns rund 100 Lichtjahre. Der nicht weit entfernte Stern 17 Dra bildet mit seinem Nachbarn 16 Dra ein noch weiter auseinander stehendes Sternpaar. Mit 400 Lichtjahren sind sie deutlich weiter weg. Ein großes Teleskop zeigt bei starker Vergrößerung, dass 17 Dra nochmals doppelt ist. Es handelt sich also insgesamt um einen Dreifachstern.

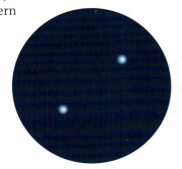

Die Komponenten des Doppelsterns ν Dra wirken im Fernglas nahezu gleich hell und weiß.

Galaxien M 81, M 82

M 81 und M 82 bilden zusammen eines der schönsten Galaxienpaare am Himmel. M 81 ist eine hübsche Spiralgalaxie, auf die wir schräg von vorne blicken. Im Fernrohr erscheint sie unter dunklem Himmel recht hell, ihre Spiralstruktur ist jedoch erst in einem großen Instrument zu erahnen. Nicht weit von ihr entfernt findet sich die Galaxie M 82, deren Erscheinungsbild vollkommen anders ist: Da wir sie von der Seite erblicken, erscheint M 82 wie ein Strich am Himmel. So kam sie zu ihrem Spitznamen „Zigarrengalaxie". Bei einer engen Begegnung mit ihrer Nachbarin M 81 vor einer halben Milliarde Jahre wurde M 82 durch den starken Schwerkrafteinfluss der größeren Galaxie stark „zerfleddert": In ihrem Zentrum bildeten sich viele neue Sterne, dies ging einher mit Gasauswürfen senkrecht zur Galaxienebene. Schon auf Amateurfotos lässt sich dies eindrucksvoll dokumentieren. M 81 und M 82 stehen mit 12 Millionen Lichtjahren Entfernung bereits tief im Weltall.

Die „Zigarrengalaxie" M 82 ist eine Spiralgalaxie mit Gasauswürfen, auf die wir von der Seite blicken.

HIMMELSTOUREN

Herbst

HERBST 1 • HIMMELSTOUR

Herbstviereck

SICHTBARKEIT		
August – September	**Oktober**	November – Dezember
22 Uhr, Osten	**22 Uhr, Süden**	22 Uhr, Westen

Der Herbsthimmel ist auf den ersten Blick eher unspektakulär, da er wenig helle Sterne zeigt. Dennoch hat er einige Schätze zu bieten, und zeigt mit dem Sternbild Pegasus ein großes, auffälliges Sternquadrat, an dem Sie sich orientieren können.

❶ 👁 Herbstviereck ✶✶✶

Sie finden das Herbstviereck halbhoch am Südhimmel. Die quadratische Sternanordnung ist leicht zu erkennen, auch wenn sie keine sehr hellen Mitglieder aufweist. Alle vier Sterne sind auf einen Blick zu finden, sie bilden den zentralen Teil des Sternbildes Pegasus, das in der zweiten Herbsttour ausführlich beschrieben wird.

Von allen jahreszeitlichen Sternfiguren ist das Herbstviereck die lichtschwächste Sternanordnung. Zwei Handbreit misst es jeweils in Höhe und Breite. Gemeinsam mit der angrenzenden Sternkette der Andromeda erinnert es ein wenig an den Großen Wagen: Das Viereck bildet den Wagenkasten, die Sternkette die Deichsel. Umgangssprachlich nennt man diese Sternanordnung deswegen auch „Riesenwagen". Sie ist tatsächlich viel größer als der Große Wagen, dessen Kasten jeweils nur *eine* Handbreit lang und hoch ist, und auch die Deichsel des „Riesenwagens" ist viel länger.

Das Herbstviereck erscheint Mitte August am Osthimmel, im Oktober steht es im Süden, und Anfang Januar verschwindet es allmählich im Westen. Im Spätherbst und Winter hängt es „schräg" am Himmel und wirkt wie ein überdimensionales Vorfahrtsschild.

❷ ❸ 👁 Sterne Markab, Scheat ✶✶✶

Der rechte untere Eckstern des Vierecks heißt Markab, er leuchtet bläulich und ist der Hauptstern des Pegasus. Die Ecke rechts oben bildet der zweithellste Pegasus-Stern Scheat, der in rötlichem Licht strahlt. Betrachten Sie beide Sterne einmal im Fernglas, dann wird Ihnen der Farbunterschied noch deutlicher auffallen.

❹ ❺ 👁 Sterne Algenib, Sirrah ✶✶✶

Algenib, der dritthellste Stern im Pegasus, leuchtet ebenfalls bläulich und formt die linke untere Ecke. Das Viereck vervollständigt schließlich Sirrah, der linke obere Eckstern. Er zählt jedoch schon zum angrenzenden Sternbild Andromeda, das in Tour 3 vorgestellt wird. Sirrah ist sogar dessen Hauptstern und der hellste der vier ähnlich hellen Sterne. Sirrah zeigt ebenfalls eine bläuliche Farbe.

Sterne beobachten im Herbst

Durch die im Herbst schnell kürzer werdenden Tage tauchen die Sterne immer früher am Abendhimmel auf. Diese Verkürzung des Tageslichts gleicht beinahe aus, dass die Gestirne durch den Umlauf der Erde um die Sonne jeden Tag weiter nach Westen rücken und dadurch etwas früher untergehen. Es tritt nun der umgekehrte Effekt zum Frühjahr auf (vgl. Tour Frühling 1, S. 22): Während die Wintersternbilder sehr schnell vom Himmel verschwanden, „will" der Sommerhimmel kaum weichen. Daher ist das Sommerdreieck auch am Herbsthimmel über lange Zeit noch der „heimliche Star". Selbst Anfang Oktober ist einer der ersten Lichtpunkte in der einsetzenden Dämmerung der Leier-Stern Wega, der hellste Stern des Sommerdreiecks.

Tipp

Teleskoptreffen

Der Herbst ist eine beliebte Jahreszeit bei Hobby-Astronomen, bietet er doch häufig längere Phasen mit gutem Wetter. Zudem werden die Beobachtungsnächte wieder länger bei noch recht angenehmen Temperaturen. Im September und Oktober finden daher um Neumond herum zahlreiche Teleskoptreffen statt – meist an abgelegenen Orten. Mit großen Teleskopen können Sie dann einmal in den Tiefen des Alls „spazieren gehen" und sich zeigen lassen, was Sie unter einem dunklen Himmel alles sehen können. Wo solche Treffen stattfinden, entnehmen Sie am besten dem Internet oder einer astronomischen Zeitschrift.

✶✶✶ einfach ✶✶ mittel ✶ schwierig

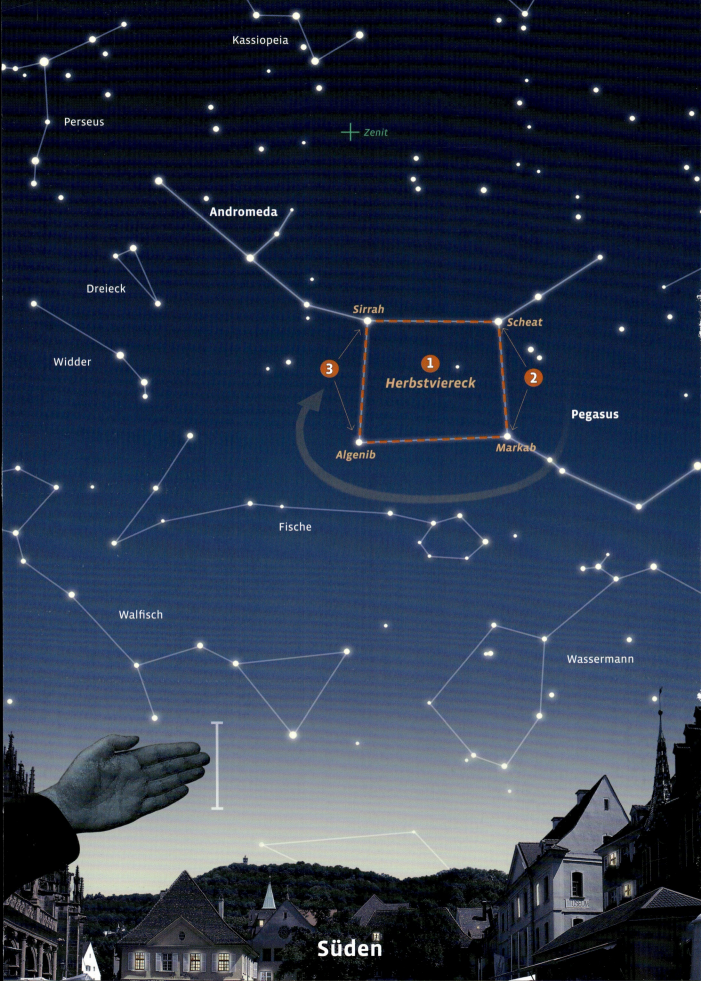

HERBST 2 · HIMMELSTOUR

Pegasus, Wassermann

SICHTBARKEIT		
September	**Ende September – Mitte Oktober**	Ende Okt. – Anfang Nov.
22 Uhr, Südosten	**22 Uhr, Süden**	22 Uhr, Südwesten

Die zweite Herbsttour spielt sich im Gebiet des prominenten Herbstvierecks ab, im Sternbild Pegasus. Im weiteren Verlauf wandern wir dann Richtung Horizont und suchen das unscheinbare Tierkreissternbild Wassermann auf.

❶ 👁 Sternbild Pegasus ✫✫✫

Der Pegasus steht jetzt halbhoch am Himmel und ist wegen seiner großen Ausdehnung kaum zu verfehlen. Seine zentrale, quadratische Sternanordnung springt förmlich ins Auge. Am hellsten Stern des Vierecks, Markab rechts unten, setzt eine Sternreihe an, die ebenfalls an die geknickte Deichsel des Großen Wagens erinnert – allerdings auf dem Kopf stehend. Die Ausdehnung des gesamten Sternbildes beträgt nach oben gut drei Handbreit, in Querrichtung fast vier Handbreit. Scheat, der rechte obere Eckstern, ist ein schöner, orangeroter Stern. Im Fernglas tritt seine Farbe besonders gut hervor. Auch der letzte Stern der „Pegasus-Deichsel" mit Namen Enif ist ein rötlicher Stern. Sirrah, der linke obere Eckstern des Quadrats, zählt bereits – wie erwähnt – zur Andromeda.

❷ 🔭 Kugelsternhaufen M 15 ✫✫

Von Enif aus lässt sich mit dem Fernglas relativ einfach ein hübscher Kugelsternhaufen aufstöbern. Verlängern Sie dazu das letzte, abgeknickte Stück der Pegasus-Deichsel etwa um die Hälfte des Weges über Enif hinaus, so erreichen Sie ein kleines, nahezu rechtwinkliges Sterndreieck. Der Kugelsternhaufen M 15 liegt auf der längeren der beiden Dreiecksseiten, die an den rechten Winkel angrenzen. Sie erkennen ihn als nebligen Fleck mit einem hellen Zentralbereich. Einzelsterne zeigt erst ein größeres Teleskop.

❸ 👁 Sternbild Wassermann ✫✫

Unser nächstes Ziel ist das Sternbild Wassermann. Es ist am Himmel weit ausgedehnt und flächenmäßig sogar noch größer als der Pegasus. Seine Gestalt ist jedoch nicht einfach zu erkennen, da es hauptsächlich lichtschwache Sterne enthält, von denen viele zudem nicht weit über den Horizont steigen, wo sie durch Dunst und irdische Beleuchtung weiter geschwächt werden. Den Hauptstern Sadalmelik finden Sie eine knappe Handbreit unterhalb des Knicks in der Pegasus-Deichsel. Die Sternfigur zwei Fingerbreit links von ihm ist sehr einprägsam, sie erinnert an den inneren Teil einer alten Single-Schallplatte: eine Anordnung mit einem „Loch" (Stern) in der Mitte, umgeben von drei gleichmäßig angeordneten „Plastikärmchen" (drei Sternen).

❹ 🔭 Kugelsternhaufen M 2 ✫✫

Ausgehend von dieser Sternanordnung im Wassermann ist es nicht schwer, mit dem Fernglas den Kugelsternhaufen M 2 zu finden. Suchen Sie zunächst Sadalmelik, etwas rechts der Sternfigur, und wandern Sie etwa anderthalb Handbreit noch weiter nach Westen (rechts). Dann erkennen Sie den Haufen in einer ansonsten sternarmen Gegend als milchiges Fleckchen mit einem hellen Kern. Erst in einem großen Teleskop können Sie in seinen Randpartien einzelne Sterne ausmachen.

❺ 👁 Stern Fomalhaut ✫✫✫

Selten hat man in der Stadt einen freien Blick bis zum Horizont. Falls Sie aber dieses Glück haben, dann lassen Sie den Blick einmal bis zum Südhorizont schweifen. Unterhalb des Wassermanns steht ein auffallend heller, weißer Stern: Es ist Fomalhaut, der Hauptstern im Sternbild Südlicher Fisch.

Info

⚡ Stern 51 Pegasi (51 Peg) ✫

Der Stern 51 Peg erlangte Berühmtheit, weil er der erste Stern war, bei dem man einen Planeten außerhalb unseres Sonnensystems fand, einen sogenannten Exoplaneten. Den Planeten sehen Sie nicht, den Stern hingegen finden Sie mit dem Fernglas knapp neben der Mitte der Strecke von Scheat zu Markab.

✫✫✫ einfach ✫✫ mittel ✫ schwierig

HERBST 2 • WISSENSWERTES

Pegasus, Wassermann

❶ Sternbild Pegasus

Pegasus war in der griechischen Mythologie das geflügelte Pferd, das den Dichtern zu Ideenflügen verhelfen sollte. Auf ihm reitend gelang es dem Helden Perseus, rechtzeitig die schöne Andromeda zu retten, die Tochter des äthiopischen Königspaares Kepheus und Kassiopeia. Sie sollte dem Meeresungeheuer Cetus geopfert werden, um den Hochmut ihrer Mutter zu sühnen. Alle an dieser Sage Beteiligten sind als Sternbilder in der Nachbarschaft des Pegasus vertreten, wobei das Ungeheuer Cetus durch das Sternbild Walfisch dargestellt wird.

Die Sternanordnung des Pegasus erinnert tatsächlich an ein Pferd, jedoch: Es hängt auf dem Kopf. Der Körper wird durch das Sternquadrat dargestellt, die Vorderläufe durch die beim rechten, oberen Eckstern Scheat gelegenen Sterne. Hals und Kopf werden durch den Sternbogen symbolisiert, der bei Markab, dem rechten unteren Eckstern, ansetzt. Markab ist der Hauptstern des Bildes, sein arabischer Name bedeutet übersetzt: „Schulter des Pferdes". Der 140 Lichtjahre entfernte Stern leuchtet in bläulichem Licht. Scheat, der zweithellste Pegasus-Stern, ist rund 200 Lichtjahre entfernt und ein schöner Vertreter eines Roten Riesen. Sein Name bedeutet „das Schienbein". Er ist einer der größten Sterne am Himmel und übertrifft unsere Sonne 160-mal an Durchmesser. Stünde er an ihrer Stelle, würde sein Umfang bis zur Marsbahn reichen.

Der Sternbogen, der Hals und Kopf des Pferdes darstellt, endet an dem „Nüsternstern" Enif, dessen arabischer Name übersetzt „Nase des Pferdes" bedeutet. Auch er ist ein orangefarbener Riesenstern. Trotz seiner großen Entfernung von 670 Lichtjahren ist Enif der hellste Stern im Pegasus, dennoch ist er – eigentlich fälschlicherweise – nicht sein Hauptstern. Diesen „Rang" bekleidet vielmehr der etwas lichtschwächere Markab.

❷ Kugelsternhaufen M 15

Der Kugelsternhaufen M 15 wurde 1746 von Jean-Dominique Maraldi entdeckt und 1764 von Charles Messier in seinen Katalog eingetragen. Mit mindestens 500.000 Sternen in einem Raumbereich von 200 Lichtjahren Ausdehnung ist er ein außerordentlich sternreiches und extrem kompaktes Exemplar seiner Gattung. Er ist rund 35.000 Lichtjahre entfernt und gilt als der schönste Kugelhaufen des Herbsthimmels. M 15 ist recht einfach zu finden, da er in einer sternarmen Gegend liegt. Auf Aufnahmen zeigt er eine leicht ovale Form.

Pegasus steht in der Mythologie für ein geflügeltes Pferd, das am Himmel jedoch auf dem Kopf steht.

M 15 zeigt von allen Kugelsternhaufen die höchste Sterndichte im Zentrum.

❸ Sternbild Wassermann

Der Wassermann ist ein wenig auffälliges und lichtschwaches Mitglied des Tierkreises. Im Altertum hatte er jedoch eine große Bedeutung als Kalendermarke: Mit seinem allmählichen Verschwinden in der Abenddämmerung kündigte er vor mehr als 6000 Jahren die Regenzeit im Zweistromland an – heute hat sich der Zeitpunkt seines Verschwindens durch die langsame Kreiselbewegung der

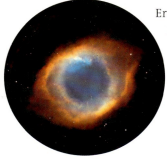

Der Helixnebel ist der nächste Planetarische Nebel, jedoch kein Stadtobjekt.

Erdachse, die man Präzession nennt, verschoben. Der aus dem Griechischen stammende Name des Wassermann-Hauptsterns Sadalmelik bedeutet „das Glück des Königs". Der rund 760 Lichtjahre entfernte Stern ist ein gelber Überriese mit 80-fachem Durchmesser und 30.000-facher Leuchtkraft unserer Sonne.

In seinem südlichsten Teil, etwa eine Handbreit nordwestlich des hellen Sterns Fomalhaut, beherbergt der Wassermann den uns nächsten und größten Planetarischen Nebel, den Helixnebel mit der Katalognummer NGC 7293. Er ist „nur" 300 Lichtjahre entfernt, während die anderen bekannten Planetarischen Nebel 1000 Lichtjahre und mehr weg sind. Zur Beobachtung in der Stadt ist der Helixnebel allerdings nicht geeignet, nur bei dunkelstem Himmel ist er mit dem Fernglas aufzustöbern.

Der Kugelsternhaufen M 2 ist hell und groß, aber schwer in Einzelsterne aufzulösen.

punkt vor über 2000 Jahren noch im Widder stand, wird er bis heute auch als Widderpunkt bezeichnet.

4 Kugelsternhaufen M 2

Auch der Kugelsternhaufen M 2 wurde 1746 von Jean-Dominique Maraldi entdeckt. 1760 wurde er von Charles Messier wiederentdeckt und in seinen Katalog als zweiter Eintrag aufgenommen. M 2 ist ein schöner, stark konzentrierter Kugelhaufen mit einem hellem Kern. Seine Ausdehnung beträgt rund 180 Lichtjahre, und er befindet sich in rund 39.000 Lichtjahren Entfernung.

5 Stern Fomalhaut

Der helle Stern Fomalhaut steht bei uns stets nahe am Horizont. Der Sternbildname „Südlicher Fisch" deutet schon darauf hin, dass das Bild zur südlichen Hälfte des Himmels gehört, bei uns also nie hoch über dem Horizont steht. Der arabische Sternname Fomalhaut bedeutet „Maul des Fisches". Der Stern zählt mit nur 25 Lichtjahren Entfernung zu den näheren Nachbarn unserer Sonne. Er wird von einer dichten Scheibe aus Gas und Staub umgeben, in der man die Entstehung eines Planetensystems vermutet.

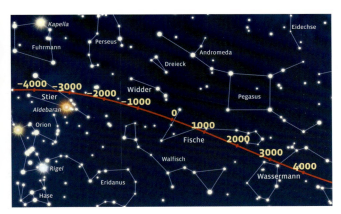

Durch die Kreiselbewegung der Erdachse (die Präzession) wandert der Frühlingspunkt im Lauf der Jahrtausende durch die Tierkreissternbilder.

Zwischen Pegasus und Wassermann findet sich der Frühlingspunkt (s. Karte S. 81). In diesem Punkt steht die Sonne jedes Jahr zum Zeitpunkt der Frühlingstagundnachtgleiche, zu Frühlingsbeginn also. Sie läutet damit das Frühjahr auf der Nordhalbkugel der Erde ein. Dieser Punkt ist in der Astronomie für die Beschreibung von Himmelspositionen ein wichtiger Bezugspunkt. Vom Pegasus aus lässt er sich leicht finden: Wenn Sie die linke Seite des Quadrats einmal Richtung Südhorizont verlängern, so treffen Sie etwa auf diese Himmelsstelle. Noch liegt der Punkt im Sternbild Fische, durch die Präzession der Erdachse wird er aber innerhalb der nächsten Jahrhunderte in den Wassermann wandern. Da der Frühlings-

Stern 51 Pegasi (51 Peg)

Der 51. Stern im Sternbild Pegasus ist an sich nichts Besonderes. Er befindet sich in rund 50 Lichtjahren Entfernung und ist ein unserer Sonne ähnlicher gelber Stern. Mit einem Schlag wurde er jedoch berühmt, als in seiner Nähe im Jahr 1995 der erste Exoplanet nachgewiesen werden konnte, der erste Planet im All also, der nicht um unsere Sonne kreist. Somit hatte man neben unserem eigenen ein weiteres Sonnensystem gefunden, dessen Zentralgestirn 51 Peg bildet. Der Planet ist halb so schwer wie der Riesenplanet Jupiter und kreist in nur gut vier Tagen um seinen Stern. 51 Peg ist heute nichts Besonderes mehr, denn inzwischen sind um zahlreiche weitere Sterne Planeten entdeckt worden.

HERBST 3 • HIMMELSTOUR

Andromeda, Dreieck

SICHTBARKEIT		
September – Oktober	**November**	Dezember – Januar
22 Uhr, Osten	**22 Uhr, Süden/Zenit**	22 Uhr, Westen

Die dritte Herbsttour führt uns in den Bereich um das Sternbild Andromeda, das sich an das große Sternquadrat des Pegasus anschließt. Das unauffällige Sternbild Dreieck steht direkt unterhalb der Andromeda.

❶ 👁 Sternbild Andromeda ✦✦✦

Die Andromeda steht im Herbst hoch am Himmel, blicken Sie daher weit nach oben: Vom Zenit aus in etwa zwei Handbreit Entfernung nach Südwesten sehen Sie das große Sternquadrat des Pegasus. Am linken oberen Eckstern setzt die Sternkette des Sternbildes Andromeda an, die eine nahezu gerade Linie bildet. Der „Pegasus"-Eckstern zählt dabei schon zur Andromeda, er ist sogar ihr Hauptstern und trägt den Namen Sirrah. Der äußerste Stern der Kette heißt Alamak, er ist ein hübscher Doppelstern für Teleskopbeobachter (s. Kasten unten).

❷ 🌌 Andromeda-Galaxie (M 31) ✦✦

Die Andromeda beherbergt eines der berühmtesten Ziele des ganzen Himmels: Es ist die große Andromeda-Galaxie mit der Katalogbezeichnung M 31. Sie ist unsere nächste große Nachbargalaxie und die einzige Galaxie am gesamten Himmel, die mit bloßem Auge sichtbar ist. In der Stadt ist das eine Herausforderung, bei nicht allzu hellem Himmel aber durchaus möglich. Mit dem Fernglas ist sie überall leicht zu finden: Ausgehend von Mirach, dem zweiten hellen Stern der Andromeda-Kette, wandern Sie eine knappe Handbreit senkrecht zur Kette nach oben. Auf dem Weg liegen zwei schwächere Sterne, direkt oberhalb des letzten sehen Sie die Galaxie als ausgedehnten Nebelfleck. Seine Größe ist abhängig von Ihren Beobachtungsbedingungen: Je dunkler der Himmel, umso größer ist er.

❸ 👁 Sternbild Dreieck ✦✦

Das Sternbild Dreieck ist durch seine Nähe zur Andromeda trotz seiner Unauffälligkeit gut auszumachen. Wandern Sie einfach von der Linie durch die letzten beiden Andromeda-Sterne etwa eine Handbreit nach unten, so treffen Sie voll ins Schwarze. Drei schwächere, etwa gleich helle Sterne formen ein spitzwinkliges Dreieck, dessen Spitze zum Pegasus-Quadrat zeigt. Das Dreieck ist das einzige Sternbild am Himmel, das genauso aussieht, wie es heißt.

❹ 🌌 Doppelstern 56 Andromedae (56 And) ✦

Vom Dreieck aus können Sie mit dem Fernglas einen hübschen Doppelstern aufspüren: Verbinden Sie dazu in Gedanken den obersten Dreieck-Stern mit Alamak, dem äußersten Stern der Andromeda-Kette, und wandern Sie von der Mitte dieser Linie aus leicht nach rechts unten. 56 And, der noch zum Sternbild Andromeda zählt, fällt als Doppelstern im Fernglas sofort auf: Zu sehen sind zwei fast gleich helle, gelbe Sterne mit relativ großem Abstand zueinander. Wären diese Sterne heller, könnte man sie sogar mit bloßem Auge getrennt erkennen.

❺ 🌌 Doppelstern 15 Trianguli (15 Tri) ✦

Auch das Dreieck bietet einen schönen Doppelstern für das Fernglas, es ist 15 Tri, das letzte Ziel unserer Tour. Der Stern liegt nicht innerhalb des Sterndreiecks, sondern auf der Höhe der beiden hinteren Dreiecksterne, etwa zwei Fingerbreit weiter links. Seine Komponenten stehen fast so weit auseinander wie die von 56 And. Sie zeigen aber schon im Fernglas einen Farbunterschied: Der hellere Stern ist rötlicher als der schwächere.

TeleskopTipp

✏ Doppelstern Alamak ✦✦

Wenn Sie ein Teleskop besitzen, sollten Sie es nicht versäumen, Ihr Instrument einmal auf Alamak zu richten. Er ist einer der schönsten Doppelsterne für ein Fernrohr. Schon in einem kleineren Gerät lässt sich der Stern in zwei Komponenten trennen, die einen deutlichen Farbkontrast zeigen: Der hellere Stern ist orange, der schwächere Begleiter bläulich.

✦✦✦ einfach ✦✦ mittel ✦ schwierig

Andromeda, Dreieck

1 Sternbild Andromeda

Das Sternbild Andromeda steht weit im Norden und ist deshalb über einen langen Zeitraum im Jahr zu sehen. Sein nördlicher Teil sinkt bei uns sogar niemals unter den Horizont. In der griechischen Mythologie war die Andromeda eine äthiopische Prinzessin, die den Hochmut ihrer Mutter Kassiopeia büßen und dem Meeresungeheuer Cetus geopfert werden sollte. In letzter Minute wurde sie jedoch vom Helden Perseus gerettet, der auf dem geflügelten Pferd Pegasus herbeigeeilt war. Der Hauptstern Sirrah symbolisiert den Kopf des Mädchens, der zweite Stern Mirach bildet die Hüfte und der letzte Stern der Kette, Alamak, steht für einen Fuß.

Sirrah trug früher einmal die Bezeichnung Delta Pegasi (δ Peg) und zählte zum Sternbild Pegasus. Ein weiterer, gebräuchlicher Name des Sterns ist „Alpheratz". Beide Eigennamen stammen aus den Arabischen und bedeuten „Pferdenabel". Sie beziehen sich noch auf die Zugehörigkeit des Sterns zum Sternbild Pegasus. Sirrah ist knapp 100 Lichtjahre entfernt und leuchtet weißblau.

2 Andromeda-Galaxie (M 31)

Die Andromeda-Galaxie ist das fernste Objekt überhaupt, das wir ohne optisches Instrument sehen können. Drei Millionen Jahre benötigt ihr Licht für seine Reise durchs All, bevor es in unser Auge gelangt. Ausgesandt wurde es also zu einer Zeit, als sich in Afrika gerade die ersten Menschen entwickelten. Wegen ihrer guten Sichtbarkeit in dunklen Nächten war die Andromeda-Galaxie auch schon dem persischen Astronomen Al Sufi im 10. Jahrhundert bekannt. Charles Messier fügte sie im Jahr 1764 seinem Katalog als Nummer 31 hinzu. M 31 ist unsere nächste große Nachbargalaxie, sie ist – ähnlich wie unsere Milchstraße – ein Spiralnebel. Auch wenn heute bekannt ist, dass M 31 kein wirklicher „Nebel" ist, ist der Name Andromeda-„Nebel" weiterhin in Gebrauch. Die Galaxie enthält vielmehr wie unsere Milchstraße Sterne, Sternhaufen, Gasnebel, Dunkelwolken und vieles mehr. Die Andromeda-Spirale ist sogar noch größer und schwerer als unsere Milchstraße: Mit 150.000 Lichtjahren Durchmesser ist sie rund anderthalbmal so groß und

Die Andromeda-Galaxie ist unser benachbartes, großes Milchstraßensystem. Wie unsere eigene Galaxis enthält sie unzählige Sterne, Sternhaufen und Gasnebel.

Andromeda ist die schöne Tochter von Kepheus und Kassiopeia, die dem Ungeheuer Cetus geopfert werden soll.

mit 400 Milliarden Sternen etwa doppelt so schwer. Ein kleines Fernrohr zeigt in der Stadt kaum mehr als ein Fernglas. Von unserem Blickwinkel aus blicken wir zudem schräg auf die Ebene dieser Galaxie, so dass sich die Spiralform auch in größeren Fernrohren kaum erkennen lässt. Sie zeigt sich lediglich auf Fotos.

Die Andromeda-Galaxie und unsere Milchstraße bilden mit rund 30 weiteren, kleineren Galaxien die „Lokale Gruppe", unsere heimatliche Galaxiengruppe. M 31 und die Galaxis sind darin die weitaus größten Gebilde, mit einigem Abstand folgt ihnen die Galaxie M 33 im Sternbild Dreieck (s. weiter unten). Alle anderen Mitglieder sind sogenannte Zwerggalaxien. Die Lokale Gruppe gehört zum noch größeren System des Virgo-Superhaufens, der rund 200 Galaxienhaufen enthält, von denen die Lokale Gruppe nur eine kleine Erscheinung ist. Der größte Mitgliedshaufen ist der Virgo-Haufen mit über 2500 Galaxien. Er liegt im Sternbild Jungfrau (lat.: Virgo, vgl. Frühlingstour 4), nach dem die Galaxienansammlung und der Superhaufen benannt sind. Andromeda-Galaxie und die Milchstraße bewegen sich aufeinander zu und werden in etwa zwei Milliarden Jahren knapp aneinander vorbeischrammen. Dabei werden sie erhebliche Verformungen erleiden, bei denen lange Streifen aus Sternen, Gas und Staub aus ihren Spiralarmen herausgezogen werden. Weitere drei Milliarden Jahre werden sich die beiden großen Spiralen dann umeinander „tänzeln", ehe sie in etwa fünf Milliarden Jahren zu einer riesigen elliptischen Galaxie verschmelzen.

❸ Sternbild Dreieck

Dieses kleine Sternbild steht mit seiner dreieckigen Form symbolisch für das Nil-Delta. Das berühmteste Objekt, das sich auf seinem Himmelsgebiet befindet, ist die Spiralgalaxie M 33, die dritte große Galaxie unserer Lokalen Gruppe neben dem Andromeda-Nebel M 31 und der Milchstraße. M 33 ist allerdings lange nicht so groß wie die beiden Vorgenannten, mit etwa 60.000 Lichtjahren Durchmesser ist sie sogar nur halb so groß wie die Milchstraße. Anders als bei M 31 blicken wir jedoch von oben auf ihre Spiralstruktur. Wegen ihrer geringen Flächenhelligkeit ist M 33 aber kein geeignetes Beobachtungsobjekt für die Stadt, bei einem Ausflug aufs Land allerdings ein schönes Ziel für das Fernglas. Wie die Andromeda-Galaxie ist sie etwa drei Millionen Lichtjahre entfernt. Da sie im Sternbild Dreieck liegt (lat.: Triangulum), wird sie auch Dreiecks- oder Triangulum-Galaxie genannt.

❹ Doppelstern 56 Andromedae (56 And)

Dieser aus zwei Riesensonnen bestehende Doppelstern ist in Wirklichkeit nur ein optisches (scheinbares) System, tatsächlich stehen die beiden Sterne weit auseinander: Während der eine 320 Lichtjahre entfernt ist und gelblich leuchtet, strahlt der andere gelborange aus rund 990 Lichtjahren Entfernung. Nur aus unserem Blickwinkel scheinen sie zusammenzustehen. Man vermutet, dass beide Sterne noch jeweils einen weiteren Begleiter haben.

Eine Winzigkeit nordöstlich dieses Sternpärchens liegt ein weit verstreuter Offener Sternhaufen (NGC 752), der unter einem dunklen Himmel – also auf dem Land – mit dem Fernglas aufgefunden werden kann. Mit rund einer Milliarde Jahren hat er für einen Offenen Sternhaufen ein bemerkenswert hohes Alter.

❺ Doppelstern 15 Trianguli (15 Tri)

Das Doppelsternsystem 15 Tri besteht aus einem tiefroten Riesenstern mit einem weißlichen Begleiter. Es ist 150 Lichtjahre von uns entfernt.

So wirkt der Doppelstern 15 Tri im Fernglas.

Doppelstern Alamak

Alamak ist der schönste Teleskop-Doppelstern am herbstlichen Himmel. Sein arabischer Name bedeutet übersetzt „Wüstenluchs". Er ist 355 Lichtjahre entfernt und besteht aus einem orangefarbenen Überriesen mit einem schwächeren, bläulichen Begleiter. Dieser ist in Wirklichkeit ein Dreifachstern mit zwei weiteren engen Begleitern.

Auch im Dreieck liegt mit M 33 eine große Spiralgalaxie. Als Beobachtungsobjekt für die Stadt ist sie jedoch nicht geeignet.

Der Doppelstern Alamak zeigt schon im kleineren Teleskop einen deutlichen Farbkontrast.

HERBST 4 • HIMMELSTOUR

Perseus, Widder

SICHTBARKEIT		
September – Oktober	**Mitte November – Mitte Dez.**	Ende Dezember – Februar
22 Uhr, Osten	**22 Uhr, Süden/Zenit**	22 Uhr, Westen

Die vierte Tour bietet einen Streifzug über den spätherbstlichen Himmel. Im Mittelpunkt steht der Perseus, der zu dieser Jahreszeit fast im Zenit steht. Aber auch dem darunter stehenden, eher unscheinbaren Widder statten wir einen Besuch ab.

❶ 👁 ⚡ Sternbild Perseus ✦✦✦

Schauen Sie steil nach oben, den Perseus können Sie jetzt kaum verfehlen. Er wirkt wie ein auf dem Kopf stehendes, schiefes „Y" oder eine aufrecht stehende Giraffe. Mittendrin – am Abzweigpunkt der Giraffenbeine – befindet sich der Hauptstern Mirfak. Um ihn herum sehen Sie im Fernglas eine lockere Sternansammlung.

❷ 👁 Stern Algol ✦✦✦

Einen der bekanntesten veränderlichen Sterne am Nachthimmel erreichen Sie, wenn Sie von Mirfak aus zwei Sterne nach unten am rechten Giraffenbein entlangwandern. Der Stern Algol verändert etwa alle drei Tage über einen Zeitraum von zehn Stunden seine Helligkeit. Theoretisch lässt sich dies sogar mit bloßem Auge verfolgen, für ungeübte Beobachter ist diese Aufgabe jedoch schwierig. Wann die Schwankungen eintreten, können Sie einem astronomischen Jahrbuch entnehmen.

❸ ⚡ 🔭 Doppel-Sternhaufen h, Chi Persei (h, χ Per) ✦✦

Schwenken Sie von Mirfak aus nach oben Richtung „Giraffenhals", so treffen Sie oberhalb von dessen Ende – auf halbem Weg zum Nachbarsternbild Kassiopeia – auf einen schon mit bloßem Auge erkennbaren milchigen Fleck: den Doppel-Sternhaufen h und χ im Perseus. Ein Fernglas löst den länglichen Fleck in zwei getrennte Sternhaufen auf, die einen prachtvollen Anblick bieten. Mit einem Teleskop können Sie in jedem Haufen einige, zum Teil farbige Einzelsterne erkennen. Wegen ihrer großen Ausdehnung sollten Sie dazu jeden Haufen einzeln einstellen und nur gering vergrößern.

❹ ⚡ 🔭 Offener Sternhaufen M 34 ✦✦

Wandern Sie nun von Algol in Richtung Alamak, dem Endstern der Andromeda-Kette. Etwa auf halber Strecke finden Sie den Offenen Sternhaufen M 34. Mit dem Fernglas ist er recht leicht zu finden und bietet darin einen hübschen Anblick. Auch einige Einzelsterne können aufgelöst werden. Mit einem Teleskop können Sie erkennen, dass viele seiner Mitgliedssterne Doppelsterne sind.

❺ 👁 Sternbild Widder ✦✦

Schwenken Sie von M 34 oder Alamak aus senkrecht nach unten in Richtung Südhorizont, so treffen Sie gut zwei Handbreit tiefer auf das Sternbild Widder. Hier fällt im Wesentlichen der helle Hauptstern Hamal auf. Etwa zwei Fingerbreit rechts darunter finden Sie zwei weitere Sterne, die mit Hamal eine leicht geknickte Anordnung bilden, die an die Zeigerstellung einer Uhr gegen zehn vor fünf erinnern. Eine Handbreit weiter links oben treffen Sie auf den vierten Widderstern.

❻ 👁 ⚡ 🔭 Stern Mira ✦

Die letzte Station unserer Tour ist der berühmte Stern Mira im Sternbild Walfisch. Er wechselt über einen Zeitraum von knapp einem Jahr stark seine Helligkeit: Im Maximum ist Mira mit dem bloßen Auge gut sichtbar, im Minimum ist zu ihrer Sichtung ein Teleskop erforderlich. Mira liegt, von Hamal aus gesehen, etwa auf halbem Weg zum Südhorizont. Ihre Helligkeitsmaxima und -minima können Sie einem astronomischen Jahrbuch entnehmen.

TeleskopTipp

🔭 Doppelstern Lambda Arietis (λ Ari) ✦

Besitzen Sie ein kleines Teleskop, dann schwenken Sie doch einmal etwa einen Fingerbreit rechts neben Hamal zum Doppelstern λ Ari: Zu sehen sind zwei weiße, recht weit auseinander stehende Sterne mit einem großen Helligkeitsunterschied.

✦✦✦ einfach ✦✦ mittel ✦ schwierig

Perseus, Widder

❶ Sternbild Perseus

In der Sage rettete Perseus die königliche Tochter Andromeda vor dem nahezu sicheren Tod, als sie, an einen Felsen geschmiedet, dem Meeresungeheuer Cetus geopfert werden sollte. So sollte sie den Hochmut ihrer Mutter Kassiopeia sühnen, der Königin von Äthiopien. Perseus jedoch besiegte das Monster, indem er ihm das furchtbare, schlangenbesetzte Haupt der Gorgone Medusa vorhielt, die er vorher getötet hatte. Jeder, der die Medusa anblickte, erstarrte augenblicklich zu Stein – so geschah es auch mit Cetus. Perseus befreite die angekettete Andromeda und nahm sie zur Frau. Der obere (nördliche) Teil des Sternbildes Perseus geht in Mitteleuropa nie unter, er ist zirkumpolar. Ein berühmter Sternschnuppenstrom ist nach dem Sternbild benannt: die Perseiden. Sie treten alljährlich Mitte August auf und sind der prächtigste Sternschnuppenstrom überhaupt mit zahlreichen hellen Meteoren. Ihren Namen verdanken sie einem perspektivischen Effekt, der dazu führt, dass sie aus dem Sternbild Perseus zu kommen scheinen.

Der Name des Perseus-Hauptsterns Mirfak bedeutet „Ellbogen". Mirfak ist ein gelbweißer Überriese in rund 600 Lichtjahren Entfernung. Die im Fernglas sichtbare, um Mirfak verstreute Sterngruppe trägt den Namen Melotte 20. Sie ist benannt nach Philibert Jacques Melotte, der im Jahr 1915 einen Katalog von großen und leicht sichtbaren Sternhaufen zusammenstellte. Melotte 20 ist rund 550 Lichtjahre von uns entfernt und eine tatsächlich zusammengehörige Sterngruppe. Unterhalb des Perseus schimmert bereits der Sternhaufen der Plejaden, der zum Sternbild Stier gehört. Er kündigt den nahenden Winter an.

❷ Stern Algol

Algol steht in 93 Lichtjahren Entfernung, er ist der Prototyp einer ganzen Klasse von veränderlichen Sternen. Sein aus dem Arabischen stammender Name bedeutet „Dämon". Im Altertum galt er als der böse Blick der schrecklichen Gorgone Medusa, so erklärt sich auch sein Beiname „Teufelsstern".

Normalerweise ist Algol ein recht heller, bläulich leuchtender Stern. Alle zwei Tage, 20 Stunden, 48 Minuten und 56 Sekunden verdunkelt er sich jedoch über einen Zeitraum von knapp fünf Stunden auf einen Minimalwert, und steigt anschließend in einem genauso langen Zeitraum wieder auf den Normalwert an. Im Minimum verharrt der Stern nur 20 Minuten. Die Helligkeitsänderung wiederholt sich bei Algol, anders als bei vielen anderen Veränderlichen (s. Mira weiter unten), stets absolut gleichmäßig. Man weiß heute, dass die Ursache ein zweiter dunkler Stern ist, der Algol regelmäßig bedeckt. Steht er aus unserer Sicht vor ihm, sinkt die Algol-Helligkeit. Für den Einstieg in die Beobachtung von veränderlichen Sternen ist Algol ein ideales Übungsobjekt. Zum Vergleich zieht man die Helligkeiten seiner Nachbarsterne heran.

❸ Doppel-Sternhaufen h, Chi Persei (h, χ Per)

Die beiden benachbarten Offenen Sternhaufen wurden schon vor mehr als 2000 Jahren von dem griechischen Astronomen Hipparcos gesichtet. Dass es sich hierbei um zwei Sternhaufen handelte, konnte er jedoch nicht erkennen. Noch heute tragen sie mit den Namen h und χ Persei typische Bezeichnungen für Einzelsterne. Ihre Katalognamen lauten NGC 869 (h) und NGC 884 (χ). Der Haufen h Per ist etwas heller und dichter bestückt, er liegt näher zur Kassiopeia und enthält rund 200 Sterne; χ Per wirkt verstreuter und besteht aus rund 150 Sternen. Beide Sternhaufen sind mit nur wenigen Millionen Jahren sehr jung und stehen in rund 7000 Lichtjahren Entfernung.

Der heldenhafte Perseus hält auf Darstellungen oft das schlangenbesetzte Haupt der Medusa in Händen, mit dem er das Ungeheuer Cetus bezwang.

Die Sternhaufen h (rechts) und χ Per zählen zu den schönsten Offenen Haufen am ganzen Himmel.

4 Offener Sternhaufen M 34

Der Sternhaufen M 34 liegt genau an der offiziellen Sternbildgrenze zwischen Perseus und Andromeda. Er wurde 1654 von Giovanni Battista Hodierna entdeckt, 1764 fand ihn Charles Messier wieder und nahm ihn in seinen Nebelkatalog auf. M 34 ist nicht so dicht gepackt wie h und χ Per, er enthält auch nur rund 60 Sterne. Der Haufen ist etwa 1600 Lichtjahre entfernt, sein Alter beträgt rund 263 Millionen Jahre – er ist damit deutlich älter als der Doppel-Sternhaufen im Perseus.

Schon mit dem Fernglas zeigen sich im hübschen Sternhaufen M 34 erste Einzelsterne.

5 Sternbild Widder

Der Widder ist ein Tierkreissternbild, das vor über 2000 Jahren den Frühlingsbeginn ankündigte. Damals beherbergte er den Frühlingspunkt, der aufgrund der Kreiselbewegung der Erdachse (der Präzession) heute im Sternbild Fische steht. Im Frühlingspunkt steht die Sonne genau zu Frühlingsbeginn, der Punkt wird auch heute noch als Widderpunkt bezeichnet. In der Mythologie stellt das Sternbild den Widder Chrysomeles dar, der ein goldenes Fell hatte (das Goldene Vlies). Chrysomeles konnte fliegen und sprechen und entführte die griechischen Königskinder Helle und Phrixos, um sie vor ihrer Stiefmutter zu retten. Der Widder-Hauptstern trägt den arabischen Namen Hamal, was übersetzt „Kopf des Schafes" bedeutet. Es handelt sich um einen orangeroten Riesenstern in einer Entfernung von 66 Lichtjahren.

6 Stern Mira

Mira liegt im Sternbild Walfisch (lat.: Cetus), das in der Andromeda-Sage das Meeresungeheuer verkörpert. Seinen Namen erhielt der Stern 1662 von Johannes Hevelius, der ihn als „Mira Stella Ceti" bezeichnete, den "wundersamen Stern im Walfisch". Mira zeigt eine starke Helligkeitsänderung über einen großen, leicht variierenden Zeitraum von im Mittel 332 Tagen: Während sie im Maximum auch von der Stadt aus zu sehen ist, wird sie im Minimum zu einem schwachen, roten Pünktchen, das nur im Teleskop zu erkennen ist.

Entdeckt wurde Mira 1596 von dem ostfriesischen Landpfarrer David Fabricius. Der Stern wurde zunächst für eine „Nova" gehalten, für einen „neuen" Stern, der auftauchte und später wieder verblasste. 1638 erkannte man schließlich, dass sich seine Helligkeit in einem beständigen Rhythmus änderte. Ähnlich wie Algol ist auch Mira ein berühmter veränderlicher Stern und der Prototyp einer ganzen (großen) Veränderlichen-Klasse. Mira-Sterne sind pulsierende Rote Riesen oder Überriesen, die sich in einem fortgeschrittenen Stadium der Sternentwicklung befinden. Mira ist rund 420 Lichtjahre von uns entfernt.

Doppelstern Lambda Arietis (λ Ari)

Dieser weiße Doppelstern mit den ungleich hellen Komponenten liegt in der Nähe des Widder-Hauptsterns Hamal. Er ist etwa 133 Lichtjahre entfernt. Aufgrund ihres Abstandes wären die beiden Sternkomponenten theoretisch auch mit dem Fernglas zu trennen, der schwächere wird darin aber vom stärkeren überstrahlt. Daher benötigt man zur Trennung dieses Doppelsterns doch ein Teleskop.

Der Widder in figürlicher Darstellung. Der Kopf des Tieres wird repräsentiert durch den Hauptstern Hamal.

HERBST 5 • HIMMELSTOUR

Kepheus

SICHTBARKEIT		
Mai – Juli	August – Oktober	**November – Januar**
22 Uhr, Nordosten	22 Uhr, Norden	**22 Uhr, Nordwesten**

Diese herbstliche Himmelstour mit Blickrichtung Norden erkundet das recht unscheinbare Sternbild Kepheus. In seiner Umgebung finden sich aber einige berühmte Sterne und ein paar hübsche Offene Sternhaufen.

❶ 👁 Sternbild Kepheus ✶✶

Den Kepheus finden Sie im Herbst hoch am Nordhimmel zwischen Polarstern und Himmels-W. Seine recht lichtschwachen Sterne formen eine Raute von etwa einer Handbreit Größe. Eine weitere Handbreit Richtung Polarstern finden Sie einen weiteren Stern, der die Figur vervollständigt: Der Kepheus erinnert an ein auf die Seite gekipptes Haus mit Spitzdach. Da das Sternbild keine helleren Sterne enthält, ist es in der Stadt nicht leicht auszumachen.

❷ ⚡ Granatstern Mü Cephei (μ Cep) ✶✶

Der Granatstern μ Cep ist einer der berühmten Sterne im Kepheus. Sie finden ihn, wenn Sie die untere Seite der Kepheus-Raute, die vom Polarstern weiter entfernt ist, halbieren und sich vom Mittelpunkt dieser Strecke noch einen Fingerbreit vom Polarstern wegbewegen. Der Stern μ Cep ist ein ausgesprochen roter Stern, schon im Fernglas zeigt sich seine granatrote Farbe deutlich.

❸ ⚡ 🔭 Doppelstern Delta Cephei (δ Cep) ✶

Den zweiten berühmten Kepheus-Stern finden Sie nicht weit vom Granatstern. Suchen Sie zunächst den am weitesten vom Polarstern entfernten Eckstern der Kepheus-Raute; es ist der linke untere Punkt des Hauses, wenn Sie es sich aufrecht vorstellen. Im Herbst ist er der höchststehende der helleren Kepheus-Sterne. Wandern Sie nun einen Fingerbreit in Richtung des ersten Aufstrichs der jetzt als „M" erscheinenden Kassiopeia, so sind Sie schon da. Der Doppelstern δ Cep ist nur mit einem größeren Fernglas in zwei Sterne zu trennen, das Instrument sollte dabei auf ein Stativ montiert werden. Am besten setzen Sie für diesen Stern jedoch – soweit vorhanden – ein Teleskop ein. Dann sehen Sie einen weißen Stern mit einem deutlich schwächeren bläulichen Begleiter.

❹ ⚡ 🔭 Offener Sternhaufen M 52 ✶✶

Wandern Sie von δ Cep aus eine knappe Handbreit weiter Richtung Kassiopeia, so treffen Sie etwa auf halber Strecke zum linken unteren Eckstern des „Himmels-M" (β Cas) auf den Offenen Sternhaufen M 52. Im Fernglas erscheint der bereits zur Kassiopeia zählende Sternhaufen auch vor dem Hintergrund der Milchstraße als gut erkennbarer nebliger Fleck. In einem mittleren Teleskop lassen sich erste, schwache Einzelsterne in direkter Nachbarschaft eines helleren, rötlichen Sterns erkennen.

LandhimmelTipp

⚡ 🔭 Offener Sternhaufen NGC 7789 ✶

Von Punkt 4 gelangen Sie recht einfach zu unserem Landhimmel-Tipp: Wandern Sie von M 52 in Richtung des Sterns ρ Cas, der zwei Fingerbreit links über β Cas liegt, so finden Sie weniger als einen Fingerbreit darüber den Offenen Sternhaufen NGC 7789. Auch hier erkennen Sie in einem größeren Fernglas einen nebligen Fleck. In einem kleinen Teleskop treten wenige Einzelsterne vor einem wolkigen Hintergrund hervor.

Info

👁 Großer Wagen – Kassiopeia ✶✶✶

Das Gespann Großer Wagen – Kassiopeia finden Sie im Herbst in Unten-Oben-Stellung. Der Große Wagen scheint tief am Nordhorizont zu parken, er steht jetzt aufrecht da: die Räder unten, der Wagenkasten oben. Die Wagendeichsel zeigt fast waagerecht in Richtung Westen. Die Kassiopeia dagegen erreicht ihre höchste Stellung am Himmel und steht fast im Zenit. Sie ist nun das am besten sichtbare Orientierungssternbild. Das Himmels-W steht jedoch auf dem Kopf und wird damit zum Himmels-M.

✶✶✶ einfach ✶✶ mittel ✶ schwierig

Kepheus

❶ Sternbild Kepheus

Das Sternbild Kepheus ist trotz seiner Unauffälligkeit ein sehr altes Sternbild. Es gehört zur Andromeda-Sage und repräsentiert den Vater der Prinzessin, den König von Äthiopien (vgl. S. 90). Am Himmel steht er neben dem Himmels-W, das in der Legende seine eitle Gemahlin Kassiopeia darstellt, etwas weiter entfernt findet sich die Sternkette seiner Tochter Andromeda und die Y-förmige Sternanordnung ihres Retters Perseus. Wie die Kassiopeia ist auch der Kepheus zirkumpolar. Seinen südlichen Bereich durchzieht das Band der Milchstraße, das im Herbst hoch am Himmel steht. Eine Beobachtung mit dem Fernglas ist zwar ein wenig unbequem, aber unbedingt empfehlenswert, denn durch ihre Höhe am Himmel wird die Milchstraße jetzt weniger von irdischem Streulicht und horizontnahem Dunst geschwächt als zu anderen Zeiten.

Der Hauptstern des Kepheus heißt Alderamin, er ist ein mittelheller Stern, der die rechte untere Ecke des Giebelhäuschens bildet. Sein arabischer Name bedeutet übersetzt „rechter Arm" oder „rechte Schulter". Alderamin sendet ein bläulich weißes Licht aus und befindet sich in 49 Lichtjahren Entfernung. Der Kepheus steht in direkter Nachbarschaft zum Sternbild Kleiner Bär, in dem der nördliche Himmelspol zu finden ist. Durch die Kreiselbewegung der Erdachse, die Präzession, wird der Himmelspol in etwa 1000 Jahren in das Sternbild Kepheus wandern.

❷ Granatstern Mü Cephei (μ Cep)

Der Granatstern verdankt seine Berühmtheit seiner kräftigen, tiefroten Farbe. Auch sein Name, den der deutsch-englische Astronom Wilhelm Herschel prägte, ist darauf zurückzuführen. μ Cep ist einer der größten Sterne, den wir überhaupt kennen: ein roter Überriesenstern, 2400-mal so groß wie die Sonne und 350.000-mal so leuchtkräftig. Stünde er an Stelle der Sonne, würde sein riesiger Gaskörper bis weit über die Umlaufbahn des Planeten Saturn hinausreichen. Seine Helligkeit variiert über verschieden lange Zeiträume, er zählt zu den sogenannten „halbregelmäßig" veränderlichen Sternen.

Der Granatstern μ Cep zeigt in jedem Instrument eindrucksvoll seine rote Farbe.

Tiefrot leuchtet der Granatstern aufgrund seiner geringen Oberflächentemperatur von nur rund 2000 bis 3000 Grad – im Vergleich zu unserer Sonne, die ein gelbliches Licht aussendet, ist er gerade einmal halb so heiß. Der Granatstern steht in 2800 Lichtjahren Entfernung, seine rote Farbe kommt in Ferngläsern und Teleskopen eindrucksvoll zur Geltung.

❸ Doppelstern Delta Cephei (δ Cep)

Noch berühmter und für die Astronomie noch bedeutungsvoller ist der knapp 1000 Lichtjahre entfernte Stern δ Cep. Bekannt ist der Stern jedoch nicht, weil er ein Doppelstern ist, sondern weil er der Prototyp für eine wichtige Klasse von veränderlichen Sternen ist. Vollkommen regelmäßig sinkt seine Helligkeit alle fünf Tage und neun Stunden deutlich ab, um dann innerhalb kurzer Zeit wieder auf den Maximalwert anzusteigen. Ursache dafür sind Pulsationen des Sternkörpers, der Stern vergrößert und verkleinert regelmäßig seine Oberfläche. Das ist an sich noch nichts Besonderes, derartige Veränderliche gibt es viele. Die entscheidende Entdeckung aber machte im Jahr 1912 die amerikanische Astronomin Henrietta Swan Leavitt: Sie fand heraus, dass bei den „Cepheiden", wie diese Sterne nach ihrem Prototypen δ Cep heißen, ein direkter Zusammenhang zwischen ihrer vollkommen regelmäßigen Blinkperiode und ihrer Leuchtkraft besteht. Je länger die Lichtwechselperiode eines Cepheiden

Cepheiden sind „Leuchtfeuer" im Universum. Über ihre Blinkperiode lässt sich auf ihre Leuchtkraft schließen und damit auf ihre Entfernung.

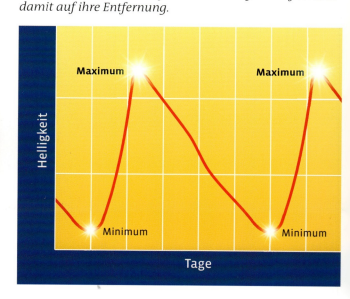

M 52 in der Kassiopeia ist ein sternreicher Offener Haufen, der auch in der Stadt mit dem Fernglas gut zu finden ist. An seinem rechten Rand enthält er einen hellen roten Riesenstern.

ist, umso leuchtkräftiger ist er. Man nennt diesen Zusammenhang Perioden-Leuchtkraft-Beziehung.

Diese Entdeckung war im wahrsten Sinne des Wortes ein Meilenstein für die Astronomie, ermöglichte sie doch fortan über die Bestimmung der Periode eines Cepheiden – also die Zeit z. B. zwischen zwei Helligkeitsmaxima – auf seine wahre Leuchtkraft und damit auf seine Entfernung zu schließen. Entfernungsbestimmungen sind in der Astronomie naturgemäß schwierig. Ist aber die wahre Leuchtkraft eines Sterns bekannt, so lässt sich seine Entfernung einfach ermitteln, indem man seine scheinbare Helligkeit misst, d.h. den Lichteindruck, der bei uns noch ankommt. Aus der Abschwächung gegenüber der tatsächlichen Helligkeit lässt sich dann auf die Entfernung schließen.

Cepheiden sind darüber hinaus sehr helle Sterne, es handelt sich um extrem leuchtkräftige Überriesen. Im Mittel strahlen sie 10.000-mal heller als unsere Sonne und sind deswegen auch in sehr großen Entfernungen noch nachweisbar. So sind die Cepheiden zu wichtigen Leuchtfeuern im Universum geworden, denn über die Periodendauer eines einzelnen Cepheiden lässt sich die Entfernung zu einer ganzen Galaxie bestimmen! Die Entfernungsbestimmung über große Distanzen im All ist so einen großen Schritt vorangekommen.

④ Offener Sternhaufen M 52

Der Haufen mit der Messier-Nummer 52 ist ein Offener Sternhaufen im Sternbild Kassiopeia, an der Grenze zum Kepheus. Er wurde im Jahr 1774 von Charles Messier entdeckt. Rund 200 Sterne stehen hier eng zusammen, am Haufenrand befindet sich ein im Vergleich zu den übrigen Mitgliedern hellerer, rötlicher Stern. Vermutlich zählt auch dieser Stern zum Haufen, er ist ein orangeroter Riesenstern mit 500-facher Sonnenleuchtkraft. Mit knapp 5000 Lichtjahren Entfernung ist M 52 einer der entfernteren Offenen Haufen, mit 70 Millionen Jahren ist er noch recht jung.

Offener Sternhaufen NGC 7789

Der Sternhaufen NGC 7789 wurde im Jahr 1783 von der deutsch-englischen Astronomin Caroline Herschel entdeckt, die viele Jahre mit ihrem Bruder Wilhelm zusammenarbeitete. NGC 7789 ist ein außerordentlich sternreicher und dichter Offener Haufen, rund 1000 Sterne werden ihm zugeordnet. Mit 1,6 Milliarden Jahren ist er zudem sehr alt, einer der ältesten Vertreter seiner Art. Seine Eigenschaften qualifizieren NGC 7789 schon fast als Kugelsternhaufen. Er ist 6200 Lichtjahre entfernt.

Der Offene Sternhaufen NGC 7789 stellt eine Übergangsform zu einem Kugelsternhaufen dar. Er sollte unter dunklem Himmel beobachtet werden.

HIMMELSTOUREN
Winter

WINTER 1 • HIMMELSTOUR

Wintersechseck

SICHTBARKEIT		
Dezember – Anfang Januar	**Mitte Januar – Anfang Februar**	Mitte Februar – März
22 Uhr, Osten	**22 Uhr, Süden**	22 Uhr, Westen

Der Winterhimmel beschert uns einen wirklich prächtigen Anblick, zahlreiche helle Sterne funkeln am Firmament. Sechs von ihnen formen das Wintersechseck, das den Himmel wie eine leuchtende Halskette ziert.

❶ 👁 Stern Rigel ✯✯✯
Rigel ist sehr einfach zu finden, er zählt zum berühmten und markanten Sternbild Orion, das in der Wintertour 4 näher vorgestellt wird. Das Sternbild fällt, etwa zwei Handbreit über dem Südhorizont, durch eine aufsteigende Linie aus drei hellen Sternen sofort auf. Rigel, den bläulich leuchtenden, strahlend hellen Fußstern der Figur, finden Sie knapp eine Handbreit rechts unterhalb dieser Sternlinie.

❷ 👁 Stern Aldebaran ✯✯✯
Die aufsteigende Sternkette im Orion hilft auch beim Aufsuchen weiterer Eckpunkte des Wintersechsecks: Verlängern Sie die Kette in Gedanken um zwei Handbreit nach rechts oben, so stoßen Sie auf den rötlich leuchtenden Aldebaran, den Hauptstern im Stier, den uns Tour 2 näher bringt.

❸ 👁 Stern Kapella ✯✯✯
Um den dritten Eckpunkt zu erspähen, müssen Sie den Kopf nur weit in den Nacken legen: Die gelb leuchtende Kapella steht hoch am Himmel, fast im Zenit. Sie ist der Hauptstern im Fuhrmann (Tour 3).

❹ 👁 Stern Pollux ✯✯✯
Wandern Sie von Kapella aus weiter nach Südosten (links unten), so stoßen Sie auf die beiden nah beieinander stehenden Zwillingssterne Kastor und Pollux. Pollux, der untere der beiden, ist unser Eckpunkt Nummer 4. Dem Sternbild Zwillinge widmet sich die Wintertour 5.

❺ 👁 Stern Prokyon ✯✯✯
Der vorletzte Eckpunkt steht gut zwei Handbreit unterhalb von Pollux: Es ist der gelbliche Prokyon, der hellste Stern im Kleinen Hund (Tour 6).

❻ 👁 Stern Sirius ✯✯✯
Das finale Glanzstück des Wintersechsecks finden Sie gut eine Handbreit über dem Südhorizont: den bläulich funkelnden Sirius, Hauptstern im Großen Hund und hellster Stern am gesamten Himmel. Die Dreierkette des Orion weist in der Verlängerung nach unten genau auf ihn. Der Große und der Kleine Hund werden gemeinsam in der Wintertour 6 beschrieben.

❼ 👁 Wintersechseck ✯✯✯
Das Wintersecheck ist also eine runde „Leuchtkette" aus hellen Sternen, die sich vom Horizont bis zum Zenit erstreckt. Der rötlich leuchtende, linke Schulterstern des Orion, Beteigeuze, steht im Mittelpunkt des Sechsecks. Vollständig erscheint das Wintersechseck ab Dezember auf der Himmelsbühne, als letzter Stern taucht Sirius auf. Im Süden steht die Figur Mitte Januar, Anfang April löst sie sich mit dem Untergang von Rigel auf. Die hoch am Himmel leuchtende Kapella ist in unseren Breiten zirkumpolar, im Juli finden Sie sie tief am Nordhorizont.

Sterne beobachten im Winter
Im Winter wird es in unseren Breiten früh dunkel, schon kurz nach dem Nachmittagskaffee können Sie die ersten Sterne am Himmel sehen. Auch morgens auf dem Weg zur Arbeit lässt sich vielleicht noch ein Blick auf den Sternenhimmel erhaschen. Es ist die Zeit der langen Nächte und besonders, wenn es klirrend kalt ist, herrschen oft gute Beobachtungsbedingungen. Unbedingt sollten Sie sich dann warm anziehen, auch wenn Sie nur „kurz" auf den Balkon gehen. Belohnt werden Sie für die blau gefrorene Nase mit den schönsten Sternbildern des ganzen Jahres. Übrigens sehen wir auch im Winter die Milchstraße am Himmel (s. Karte rechte Seite). Da wir dann aber in die Randbezirke unserer Heimatgalaxie schauen, ist sie lange nicht so „bevölkert" und interessant wie die Sommermilchstraße.

✯✯✯ einfach ✯✯ mittel ✯ schwierig

WINTER 2 • HIMMELSTOUR

Stier

SICHTBARKEIT		
November – Mitte Dezember	**Ende Dezember – Mitte Januar**	Ende Januar – Anfang März
22 Uhr, Osten	**22 Uhr, Süden**	22 Uhr, Westen

Die zweite Wintertour stellt die Himmelsregion um den Stier vor, der jetzt halbhoch im Süden steht. Mit seinem rötlich funkelnden Hauptstern Aldebaran und dem auffälligen Sternhaufen der Plejaden ist das Sternbild am Himmel gut zu finden.

❶ 👁 Sternbild Stier ✸✸✸

Der Stier-Hauptstern Aldebaran ist schnell gefunden: Verlängern Sie dazu einfach die aufsteigende Linie der drei zentralen Sterne des Sternbildes Orion um zwei Handbreit nach oben, so kommen Sie direkt bei Aldebaran aus. Der helle, auffallend rötliche Stern funkelt halbhoch über dem Südhorizont. Direkt rechts von Aldebaran befindet sich eine größere Ansammlung von Sternen, der Sternhaufen der Hyaden. Seine Sterne gleichen einem auf die linke Seite gekippten Buchstaben „V" und bilden den Stierkopf. Dieser wird vervollständigt durch zwei Hörner, die Sie finden, wenn Sie die beiden Schenkel des „V" jeweils um knapp zwei Handbreit verlängern. Die Hörnerspitzen werden markiert durch zwei mittelhelle Sterne. Der obere heißt Elnath und wird in vielen Darstellungen dem Sternbild Fuhrmann zugeordnet (vgl. Tour 3).

❷ 👁 ⚡ Offener Sternhaufen Hyaden ✸✸✸

Die Sternansammlung um Aldebaran bildet den berühmten Offenen Sternhaufen der Hyaden. Im Fernglas entpuppt sich das mit bloßem Auge sichtbare „V" als eine große Anzahl von recht verstreut stehenden Sternen.

❸ 👁 ⚡ Doppelstern Theta Tauri (ϑ Tau) ✸✸

In den Hyaden finden Sie einen Doppelstern, den Sie schon mit bloßem Auge leicht trennen können: Es ist ϑ Tau. Er befindet sich direkt rechts neben Aldebaran, in der Mitte des unteren V-Schenkels gelegen. Die beiden Sternkomponenten sind fast gleich hell, die obere zeigt im Fernglas eine leicht gelbliche Färbung, die untere eine bläuliche.

❹ 👁 ⚡ Offener Sternhaufen Plejaden (M 45) ✸✸✸

Das Sternbild Stier enthält neben den Hyaden einen weiteren, noch berühmteren Offenen Sternhaufen: die Plejaden, die auch als Siebengestirn bezeichnet werden. Der Haufen steht etwas abseits der anderen Sterne des Stieres, er ist aber schon mit bloßem Auge sehr auffällig. Von Aldebaran aus liegt er etwa eine Handbreit weiter rechts oben. Die Form des Sternhaufens ähnelt der des Großen und Kleinen Wagens, mit Letzterem wird er auch häufig verwechselt. Die Plejaden sind allerdings noch sehr viel kleiner als der Kleine Wagen. Sie können den ganzen Sternhaufen schon mit einem Fingernagel abdecken. Der Name „Siebengestirn" ist eigentlich irreführend, denn mit bloßem Auge sind unter einem Stadthimmel meist nur sechs Sterne zu erkennen. Im Fernglas bieten die Plejaden mit zahlreichen bläulich weißen Sternen jedoch einen wunderbaren Anblick.

❺ ⚡ Doppelstern Atlas, Pleione (27, 28 Tau) ✸✸

In den Plejaden haben Sie die Möglichkeit, einen weiteren „scheinbaren" Doppelstern zu beobachten: Es sind die beiden nah beisammen stehenden Sterne 27 und 28 Tau, mit den Namen Atlas und Pleione. Im Fernglas sind sie leicht als zwei einzelne Sterne zu erkennen, sie bilden sozusagen die Deichsel des Plejadenwagens. Beide Sterne leuchten – wie alle Plejadensterne – leicht bläulich, dabei ist Pleione (28 Tau) deutlich lichtschwächer als Atlas (27 Tau).

❻ 👁 Sternkette im Orion ✸

Zum Abschluss unserer Tour unternehmen wir noch einen kurzen Ausflug ins Sternbild Orion. Dieses Sternbild hat so viel zu bieten, dass ihm eine eigene Tour gewidmet ist (Tour 4). Meist bleibt daher keine Zeit für die hübsche, gebogene Sternkette aus schwächeren Sternen, die vom Stier aus gut zu finden ist. Lassen Sie den Blick von Aldebaran zwei oder drei Fingerbreit nach links gleiten, dort treffen Sie auf den Anfang der Sternkette, die etwa bis zur Höhe der Orion-Gürtelsterne nach unten verläuft.

Stier

❶ Sternbild Stier

Der Stier ist eines der ältesten Sternbilder, er war schon bei den Sumerern im 3. Jahrtausend v. Chr. bekannt. In der griechischen Mythologie stellt er den liebestollen Göttervater Zeus dar, der in Stiergestalt die hübsche Prinzessin Europa entführte, Tochter des Königs von Phönizien. Mit ihr zeugte er den Sohn Minos, den späteren König von Kreta. Der Stier ist ein Tierkreissternbild, er zählt also zum Reigen jener Sternbilder, durch die sich Sonne, Mond und Planeten am Himmel bewegen. Die Sonne hält sich zum Zeitpunkt der Sommersonnenwende (21. Juni) im Stier auf. Sie durchläuft dort den Sommerpunkt, den höchsten (nördlichsten) Punkt ihrer jährlichen Bahn. Bis zum Jahr 1990 noch lag dieser Punkt aufgrund der Kreiselbewegung der Erdachse, der Präzession, im benachbarten Sternbild Zwillinge. In der Antike war er im Krebs zu finden (vgl. Frühjahrstour 2).

Der Stern Elnath, der das obere Stierhorn repräsentiert, wurde früher tatsächlich dem Sternbild Fuhrmann zugerechnet: Bevor er mit der Bezeichnung Beta Tauri (β Tau) zum zweithellsten Stern im Stier wurde, stand er mit dem Namen Gamma Aurigae (γ Aur) für den Fuß des Fuhrmanns. Sein Name bedeutet übersetzt „der mit den Hörnern Stoßende". Aldebaran, der Hauptstern im Stier, deutet das blutunterlaufene Auge des Tieres an. Sein arabischer Name bedeutet „der Nachfolgende", dem Sternhaufen der Plejaden nämlich, denen er beim Auf- und Untergang zeitlich nachfolgt. Aldebaran ist ein Roter Riesenstern von rund 40-facher Sonnengröße und 100-facher Sonnenleuchtkraft. Seine rötliche Färbung ist schon mit bloßem Auge gut zu erkennen, sie ist Folge seiner relativ geringen Oberflächentemperatur von 3000 Grad. Unsere Sonne misst hingegen etwa 5500 Grad und strahlt gelb. Obwohl Aldebaran scheinbar genau im Sternhaufen der Hyaden steht, zählt er in Wirklichkeit nicht dazu: Er ist ein Vordergrundstern in 65 Lichtjahren Entfernung – die Hyaden sind gut doppelt so weit weg.

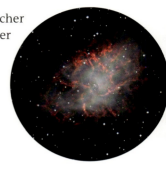

Unter dunklem Himmel erscheint der Krabbennebel M 1 im Teleskop als unregelmäßiges Fleckchen.

Der Stier enthält außer Aldebaran noch zahlreiche weitere, schöne Beobachtungsobjekte: Die Offenen Sternhaufen der Hyaden und Plejaden sind vor allem im Fernglas wunderbar anzusehen. Sie bilden das „Goldene Tor der Ekliptik", zwischen ihnen verläuft die scheinbare Bahn der Sonne hindurch. So kommt es, dass auch Mond und Planeten dieses hübsche Tor regelmäßig passieren. Für Fernrohrbeobachter bietet der Stier unter einem dunklen Landhimmel noch ein spannendes Ziel: den Überrest eines im Jahr 1054 explodierten Sterns, einer Supernova. Den schwachen, kleinen Nebel kann man mit einem Fernrohr noch heute beobachten, es ist der sogenannte Krebs- oder Krabbennebel mit der Katalogbezeichnung M 1.

Figürliche Darstellung des Sternbildes Stier. Der Hauptstern Aldebaran symbolisiert das Auge des Tieres.

❷ Offener Sternhaufen Hyaden

Die Hyaden sind der uns nächste Offene Sternhaufen und schon mit bloßem Auge leicht erkennbar. Wegen ihrer geringen Entfernung von nur 140 Lichtjahren erscheinen sie am Himmel recht ausgedehnt. Sie sind daher im Fernglas deutlich besser zu beobachten als mit einem Teleskop, in dem sich der Haufencharakter schnell verliert. Der Haufen besteht aus etwa 200 Mitgliedern und wird auch als Regengestirn

Der V-förmige Sternhaufen der Hyaden mit dem rötlichen Aldebaran und dem Doppelstern ϑ Tau.

bezeichnet. Der Name hat historische Wurzeln: Bei den alten Griechen tauchte die Sternformation immer dann am Himmel auf, wenn die Zeit der Stürme und Regenfälle begann. Im Katalog des britischen Astronomen Philibert Jacques Melotte bilden die Hyaden den 25. Eintrag und werden deshalb auch als Melotte 25 bezeichnet, abgekürzt Mel 25. Die Hyaden sind rund 625 Millionen Jahre alt und aufgrund ihrer Nähe sehr bedeutend für die astronomische Forschung.

❸ Doppelstern Theta Tauri (ϑ Tau)

Mitten in den Hyaden steht dieser Doppelstern, der sehr einfach zu trennen ist. Wegen der umgebenden Sternfülle ist es höchstens schwierig, ihn zu identifizieren. Er gehört tatsächlich zu den Hyaden, ist aber in Wirklichkeit kein Doppelstern: Die beiden Sterne scheinen nur dicht beieinander zu stehen, sie bilden einen optischen Doppelstern. Die nur wenig hellere, bläuliche Komponente ist der hellste Hyadenstern.

Der hübsche Sternhaufen der Plejaden mit seinem hellsten Stern Alkyone und dem Doppelstern Atlas und Pleione.

❹ Offener Sternhaufen Plejaden (M 45)

Die Plejaden sind schon sehr lange bekannt. Man vermutet, dass sie bereits auf der Himmelsscheibe von Nebra abgebildet sind, einer Bronzescheibe aus der Zeit um 1600 v.Chr. In der griechischen Mythologie galten sie als die sieben Töchter der Pleione und des Titanen Atlas, der den Erdglobus auf seinen Schultern trägt. Charles Messier schloss 1769 seinen ersten Katalog mit den Plejaden ab, es war der 45. Eintrag (M 45). Die Plejaden sind der eindrucksvollste Offene Sternhaufen am ganzen Himmel. Da sie kompakter sind als die Hyaden, sind die Plejaden noch hübscher anzuschauen und fallen auch deutlicher auf. Auch der Plejadenhaufen ist ein klassisches Fernglasobjekt, für ein Teleskop ist er zu ausgedehnt.

Mit rund 60 Millionen Jahren sind die Plejaden sehr jung, etwa zehnmal jünger als die Hyaden. Die Plejadensterne sind heiß und strahlen ein bläulich weißes Licht aus. Neun Sterne leuchten besonders hell, der hellste, im Zentrum des Haufens, trägt den Namen Alkyone (η Tau). Mit 390 Lichtjahren Entfernung sind die rund 500 Mitglieder der Plejaden mehr als doppelt so weit entfernt wie die Hyaden. Auf Fotografien sieht man um den Haufen herum wunderschöne, bläuliche Nebel. Lange glaubte man, dass sich die Sterne aus diesem Gas und Staub gebildet hätten, heute vermutet man jedoch, dass der Haufen die Wolke nur zufällig passiert. Der Staub in der Wolke reflektiert das bläuliche Licht der jungen Sterne – bei einer Beobachtung ist dies jedoch nicht zu sehen.

❺ Doppelstern Atlas, Pleione (27, 28 Tau)

Die beiden Plejadensterne Atlas und Pleione stehen nur scheinbar beisammen. In Wirklichkeit befindet sich Pleione mindestens 10 Lichtjahre hinter dem helleren Atlas. Pleione ist ein veränderlicher Stern, der seine Helligkeit in unregelmäßigen Abständen variiert.

❻ Sternkette im Orion

Der lange Bogen aus lichtschwächeren Sternen unterhalb des Stiers gehört schon zum Sternbild Orion. Die Sterne sind, außer dem nördlichsten, alle mit dem griechischen Buchstaben Pi (π) bezeichnet und dabei von 1 bis 6 durchnummeriert. Sie stellen in figürlichen Darstellungen das Schild des Himmelsjägers Orion dar (vgl. Abb. S. 110)

Rechts der Schultersterne Beteigeuze (rötlich) und Bellatrix (bläulich) findet sich die hübsche Sternkette im Orion.

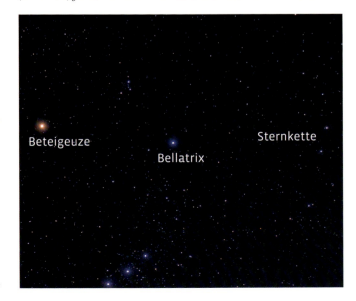

WINTER 3 • HIMMELSTOUR

Fuhrmann

SICHTBARKEIT		
Oktober – Dezember	**Januar**	Februar – März
22 Uhr, Osten	**22 Uhr, Süden/Zenit**	22 Uhr, Westen

Die dritte Wintertour spielt sich im Gebiet des Fuhrmanns ab, der zum Jahreswechsel hoch am Himmel steht. Das Sternbild ist gut zu finden, wegen seiner zenitnahen Stellung in Südrichtung aber etwas unbequem zu beobachten.

❶ 👁 Sternbild Fuhrmann ✶✶✶

Kapella, der Hauptstern im Fuhrmann, ist schnell gefunden: Legen Sie den Kopf weit in den Nacken, und blicken Sie steil nach oben, Richtung Zenit. Der helle, gelbliche Stern springt sofort ins Auge. Von Kapella aus sind auch die restlichen Sterne des Fuhrmanns einfach zu entdecken: Der Hauptstern bildet die obere Ecke eines Sechsecks aus recht hellen Sternen, das jeweils etwa eine Handbreit in Höhe und Breite einnimmt. Nicht alle Eckpunkte dieses Sechsecks gehören aber wirklich zum Fuhrmann: Der untere Eckstern mit dem Namen Elnath zählt eigentlich zum Sternbild Stier (vgl. Tour 2).

❷ 👁 Stern Almaaz (Epsilon Aurigae, ε Aur) ✶✶✶

Etwa einen Fingerbreit rechts unterhalb von Kapella finden Sie ein kleines Sterndreieck aus etwas lichtschwächeren Sternen. Der oberste Stern, der die Spitze des Dreiecks markiert, trägt den Namen Almaaz oder Epsilon Aurigae (ε Aur). Normalerweise ist er der hellste der drei Sterne, er weist aber eine seltene Besonderheit auf. Alle 27 Jahre verdunkelt er sich und leuchtet dann für mehrere Monate schwächer als η Aur, dem zweithellsten und linken unteren Eckstern der Anordnung.

❸ ⚡✏ Offener Sternhaufen M 38 ✶

Der Fuhrmann bietet gleich mehrere schöne Offene Sternhaufen, von denen drei sehr nah beieinander und nahezu auf einer Linie liegen. Jeder der drei Haufen zeigt schon im kleinen Teleskop charakteristische Details, dabei ist einer schöner als der andere – drei richtige Winter-Highlights!

Wir beginnen mit M 38, den Sie fast genau in der Mitte des Fuhrmann-Sechsecks finden. Halbieren Sie in Gedanken die Strecke vom linken, äußeren Sechseckstern (ϑ Aur) zum rechten unteren Eckstern (ι Aur), so sind Sie genau an der richtigen Stelle. M 38 ist nicht ganz einfach zu finden und im Fernglas nur als nebliger Fleck zu erspähen. Im kleinen Teleskop werden zahlreiche Einzelsterne sichtbar, die eine kreuzförmige Anordnung zeigen. Alle Fuhrmann-Sternhaufen wirken am schönsten im Teleskop bei geringer Vergrößerung. Bei Verwendung eines Fernglases ist ein Stativ sinnvoll.

❹ ⚡✏ Offener Sternhaufen M 36 ✶✶

Von M 38 aus gelangen Sie schnell zu M 36, indem Sie rund einen Fingerbreit nach links unten wandern, also zur Randlinie des Fuhrmann-Sechsecks hin. Im Fernglas können Sie M 36 im gleichen Gesichtsfeld beobachten wie M 38. Auch hier sehen Sie wie beim vorhergehenden Haufen nur einen Nebelfleck. Mit einem Teleskop hingegen zeigen sich bei M 36 Sterne als einzelne Lichtpunkte, Sie können sogar ganze Sternketten verfolgen.

❺ ⚡✏ Offener Sternhaufen M 37 ✶✶

Schwenken Sie von M 36 wiederum nach links unten, dieses Mal aber zwei Fingerbreit – über die gedachte Sechsecklinie also hinaus –, so stoßen Sie auf den dritten Haufen: M 37. Der Sternhaufen erscheint im Fernglas größer als M 36, ist aber wiederum nur als Nebelfleck zu sehen. In einem Teleskop bietet er einen fantastischen Anblick und lässt sich in zahlreiche Einzelsterne auflösen.

❻ ⚡✏ Offener Sternhaufen NGC 2281 ✶✶

Noch einen weiteren Offenen Sternhaufen hat der Fuhrmann zu bieten, der aber recht weit außerhalb des Sternbildsechsecks liegt. Sie finden den Haufen mit der Katalogbezeichnung NGC 2281, indem Sie die obere Sechseckkante – von Kapella zum links daneben liegenden Eckstern – einmal nach links verlängern. Wiederum lassen sich selbst in einem guten Fernglas mit Stativ keine Einzelsterne ausmachen, erst im Teleskop erkennen Sie einige hellere, verstreute Sterne.

Fuhrmann

1 Sternbild Fuhrmann

Das Wintersternbild Fuhrmann ist groß und auffällig. In der Antike erkannte man darin den griechischen König Erichthonios, der den vierspännigen Wagen erfand. Einer anderen Deutung nach stellt er einen Hirten dar, der eine Ziege auf seiner Schulter trägt. Das Tier wird repräsentiert durch den Hauptstern Kapella, deren lateinischer Name übersetzt „kleine Ziege" bedeutet. Aber auch die drei lichtschwächeren Sternchen im kleinen Sterndreieck, das nahe bei Kapella zu finden ist, wurden als drei „Zicklein" angesehen. Kapella repräsentiert dabei die Mutterziege. Der nördliche Teil des Fuhrmanns ist bei uns zirkumpolar, er sinkt also niemals unter den Horizont. Die helle Kapella ist daher auch in klaren Sommernächten am Himmel zu finden, sie funkelt dann tief über dem Nordhorizont. Mitten durch den Fuhrmann verläuft das Band der Milchstraße. Das Sternbild trennt die helle Sommermilchstraße vom eher blassen, im Winter sichtbaren Teil. Da wir im Winter in die Außenbezirke unserer heimatlichen Galaxis blicken und nicht – wie im Sommer – in Richtung Zentrum, ist die Wintermilchstraße deutlich lichtschwächer. Im Sternbild Fuhrmann aber hat sie einige schöne Sternhaufen zu bieten.

Kapella zählt zu den sechs hellsten Sternen des Himmels. Unter den bei uns sichtbaren Sternen rangiert sie hinter Arktur und Wega sogar auf Platz 3. Sie ist ein gelb-

M 36 ist der kleinste und sternärmste der drei Fuhrmann-Sternhaufen.

er Riesenstern in 42 Lichtjahren Entfernung. In Wahrheit kreisen hier sogar zwei gelbe Riesen mit 70-facher bzw. 90-facher Sonnenleuchtkraft umeinander, die mit Amateurteleskopen jedoch nicht getrennt werden können. Die beiden Sterne benötigen für einen Umlauf nur rund dreieinhalb Monate.

2 Stern Almaaz (Epsilon Aurigae, ε Aur)

Der Name Almaaz kommt aus dem Arabischen und bedeutet – passend zur mythologischen Deutung des Sternbildes – „Ziegenböcklein". Der Stern wirkt zunächst wenig außergewöhnlich. Die Astronomen wissen jedoch, dass Almaaz einer der größten und leuchtkräftigsten Sterne in unserer Milchstraße ist, unser gesamtes Sonnensystem fände in ihm Platz. Almaaz ist ein weißer Überriesenstern und steht in rund 3000 Lichtjahren Entfernung. Sein Licht wurde also lange vor Christi Geburt ausgesandt.

Was den Stern aber völlig außergewöhnlich macht, ist eine extrem langperiodische Helligkeitsvariation. Langfristige systematische Beobachtungen zeigen, dass Almaaz alle 27 Jahre dunkler wird, im Helligkeitsminimum scheint er nur noch halb so hell wie im Normalzustand. Inzwischen weiß man, dass Almaaz – ähnlich wie der Stern Algol im Perseus – ein Bedeckungsveränderlicher ist. Er wird jedoch nicht von einem dunkleren Begleit*stern* umkreist und gelegentlich verdeckt, sondern von einer riesigen dunklen Staubscheibe. Man vermutet, dass sich im Inneren dieser Staubscheibe zwei weitere massereiche Sterne umkreisen, Almaaz wäre dann ein Dreifachsystem. Alle 27 Jahre schiebt sich also die Staubscheibe vor Almaaz und verdeckt Teile von ihm. Die gesamte Verfinsterung dauert 23 Monate, wobei Abfall

Figürliche Darstellung des Sternbildes Fuhrmann mit Kapella als Ziege auf seiner Schulter.

M 37 ist der hellste, sternreichste und größte des schönen Haufentrios.

Der Sternhaufen M 38 ist etwas lichtschwächer als seine beiden „Kollegen".

und Anstieg der Helligkeit sich jeweils über ein halbes Jahr erstrecken. Im Minimum verbleibt der Stern rund ein Jahr. Die letzte Bedeckung fand von August 2009 bis März 2011 statt. Bis zum Jahr 2036, wenn sich Almaaz das nächste Mal verdunkelt, wird er also wieder wie ein normaler Stern am Himmel strahlen.

❸ Offener Sternhaufen M 38

Alle drei Offenen Messier-Sternhaufen im Fuhrmann sind hell, M 38 ist jedoch etwas lichtschwächer als die zwei anderen. Entdeckt wurde er – wie auch die beiden Nachbarhaufen – 1654 von dem italienischen Astronomen Giovanni Battista Hodierna, 1764 nahm Charles Messier alle drei in seinen Katalog auf. M 38 zählt etwa 100 recht verstreute Sterne und ist mit rund 3500 Lichtjahren Entfernung der nächste der drei. Sein Alter liegt zwischen 150 und 350 Millionen Jahren. Er ist damit jünger als die Hyaden und älter als die Plejaden im Sternbild Stier (Tour 2).

❹ Offener Sternhaufen M 36

M 36 ist der mittlere der drei Haufen, er ist der kleinste und der jüngste. Seine etwa 60 überwiegend hellen Sterne sind 20 bis 40 Millionen Jahre alt, für einen Offenen Sternhaufen also sehr jung, vergleichbar den Plejaden. M 36 steht in rund 4300 Lichtjahren Entfernung.

❺ Offener Sternhaufen M 37

M 37 schließlich ist der größte, hellste und sternreichste Messier-Haufen im Fuhrmann. In einem großen Fernrohr wird aus diesem Nebelfleckchen ein glitzerndes Sternfeld mit weit über 100 Sternen. Insgesamt enthält der Haufen etwa 2000 Sterne. Er ist gut 4500 Lichtjahre entfernt und ähnlich wie M 38 etwa 350 Millionen Jahre alt. Der Haufen ist deutlich konzentrierter als die beiden anderen.

❻ Offener Sternhaufen NGC 2281

Der Offene Sternhaufen NGC 2281 ist neben den drei Messier-Sternhaufen der vierte hellere Offene Haufen im Sternbild Fuhrmann. Er erscheint ähnlich groß wie M 37 und M 38, enthält jedoch weniger Sterne als alle drei Messier-Haufen: Nur etwa 30 unregelmäßig verstreute Mitglieder hat er zu bieten, die grüppchenweise beieinander stehen. Mit 1500 Lichtjahren Entfernung ist er der nächste der Fuhrmann-Haufen. NGC 2281 wurde im Jahr 1788 vom deutsch-englischen Astronomen Wilhelm Herschel entdeckt.

Der etwas „abgelegene" Fuhrmann-Sternhaufen NGC 2281 enthält nur wenige verstreute Sterne.

WINTER 4 • HIMMELSTOUR

Orion

SICHTBARKEIT

Mitte November – Dezember	**Januar**	Februar – Mitte März
22 Uhr, Südosten	**22 Uhr, Süden**	22 Uhr, Südwesten

In unserer vierten Wintertour widmen wir uns dem Wintersternbild schlechthin: dem prominenten Orion, der ähnlich bekannt ist wie der Große Wagen. Orion steht im Januar halbhoch und dominiert den Südhimmel.

❶ 👁 ⚡ Sternbild Orion ✦✦✦

Das Sternbild ist sehr leicht zu erkennen, und man kann sich gut eine Figur vorstellen. Etwa drei Handbreit über dem Südhorizont fällt eine aufsteigende Reihe aus drei Sternen auf, die den Gürtel des Jägers bilden: Alnitak, Alnilam und Mintaka. Mit dem Fernglas sehen Sie hier noch zahlreiche lichtschwächere Sterne. Der Rest der Figur ist ebenfalls schnell gefunden: Eine Handbreit oberhalb der Gürtelsterne stoßen Sie auf zwei weitere helle Sterne. Die linke Schulter wird vom rötlich leuchtenden Stern Beteigeuze markiert, der rechte Schulterstern heißt Bellatrix. Eine Handbreit unterhalb des Gürtels finden Sie die beiden Fußsterne: rechts den hellen, bläulich weißen Stern Rigel, links den Stern Saiph.

❷ ⚡ Doppelstern 22 Orionis (22 Ori) ✦✦

Zum Toureinstieg nehmen wir uns einen einfachen Doppelstern vor: 22 Ori. Sie finden ihn, wenn Sie die Verbindungslinie zwischen den beiden rechten Gürtelsternen einmal nach oben verlängern und von dort wieder einen Fingerbreit nach unten schwenken. 22 Ori ist im Fernglas leicht als doppelt zu erkennen, beide Sterne erscheinen bläulich weiß, aber unterschiedlich hell.

❸ 👁 ⚡ ✏ Orion-Nebel (M 42) ✦

Unser nächstes Ziel ist eines der schönsten Himmelsobjekte überhaupt, es ist der Große Orion-Nebel (M 42). Idealerweise setzen Sie sich zu seiner Beobachtung auf einen Stuhl und befestigen Ihr Fernglas auf einem Stativ. Richten Sie dann den Blick auf das „Schwertgehänge" des Orion, etwa zwei Fingerbreit unterhalb des mittleren Gürtelsterns Alnilam. Schon mit bloßem Auge sehen Sie auf etwa einen Fingerbreit Länge in senkrechter Richtung einige schwächere Sterne, mit etwas Glück vielleicht auch ein kleines, nebliges Fleckchen. Im Fernglas erkennen Sie eine Ansammlung glitzernder Sterne, eingebettet in einen größeren, aber schwachen Nebel. Den Nebel erfassen Sie am besten, wenn Sie ihn nicht genau fixieren, sondern leicht daneben blicken (s. Kasten S. 111). Ein Teleskop zeigt Details der Nebelstruktur, Sie sollten aber nur gering vergrößern. Ein Nebelfilter (s. S. 59) kann helfen.

❹ ⚡ ✏ Mehrfachstern Theta Orionis (ϑ Ori) ✦✦

Lassen Sie Ihr Fernglas auf die Mitte des Schwertgehänges gerichtet, dann haben Sie auch schon die richtige Einstellung für die beiden folgenden Objekte: Im leuchtenden Zentrum der Nebelregion strahlt der bläulich weiße Mehrfachstern ϑ Ori. Mit dem Fernglas leicht zu trennen sind die beiden Hauptkomponenten $ϑ^1$ und $ϑ^2$ Ori. Zu erkennen ist außerdem, dass $ϑ^2$ Ori (der untere der beiden) wiederum aus zwei Komponenten besteht. Nur im Teleskop jedoch sehen Sie, dass auch $ϑ^1$ Ori aus mehreren Sternen besteht: Vier Sterne, angeordnet in der Form eines Trapezes, werden dann sichtbar.

❺ ⚡ Doppelstern 42, 45 Orionis (42, 45 Ori) ✦✦

Achten Sie nun – nach wie vor bei der gleichen Einstellung des Fernglases – einmal auf den Bereich ganz oben im Gesichtsfeld: Dort erkennen Sie zwei zusammenstehende, blauweiße Sterne etwa gleicher Helligkeit. Es sind die Komponenten des Doppelsterns 42 und 45 Ori.

❻ ⚡ ✏ Mehrfachstern Sigma Orionis (σ Ori) ✦

Der Abschluss der Tour ist mit dem Mehrfachstern σ Ori etwas schwieriger. Sie finden den Stern knapp einen Fingerbreit unterhalb des linken Gürtelsterns Alnitak. Mit bloßem Auge sehen Sie hier nur einen mittelhellen Stern. Mit einem guten Fernglas auf einem Stativ können Sie ihn in zwei weiße Komponenten trennen, von denen eine deutlich heller ist. Im Teleskop sehen Sie, dass hier drei bläulich weiße Sterne beisammen stehen.

Orion

① Sternbild Orion

Das Wintersternbild Orion ist eines der schönsten Sternbilder am ganzen Himmel. Es verdankt seine Berühmtheit seinen hellen Sternen und ihrer einprägsamen Anordnung, die selbst am aufgehellten Stadthimmel noch gut zu erkennen ist. Der griechischen Mythologie nach ist Orion ein Jäger, der die Plejaden, ihres Zeichens Nymphen, quer über den Himmel verfolgt und gleichzeitig mit seinem Schild oder seiner Keule den Stier abwehrt. Begleitet wird er vom Großen und Kleinen Hund. Stets auf der Flucht befindet sich Orion vor dem Skorpion, der ihm nach dem Leben trachtet (vgl. Sommertour 8).

Besonders auffallend ist im Sternbild Orion die aufsteigende Linie aus drei hellen Sternen, den Gürtelsternen. Knapp unterhalb des linken Gürtelsterns Alnitak befindet sich der berühmte Pferdekopfnebel, der jedoch nur auf Fotos gut hervortritt. Der Orion zeichnet sich auch dadurch aus, dass er zwei helle, farblich schön kontrastierende Überriesensterne enthält: den rötlichen Schulterstern Beteigeuze links oben und den bläulichen Fußstern Rigel rechts unten. Vor allem im Fernglas treten ihre unterschiedlichen Färbungen gut zu Tage.

Beteigeuze ist der Hauptstern des Sternbildes, er steht in rund 600 Lichtjahren Entfernung. Mit 700- bis 1000-fachem Sonnendurchmesser zählt er – wie Antares im Skorpion – zu einem der größten Sterne am Himmel. Würde man ihn an die Stelle der Sonne setzen, würde er sich bis zur Bahn des Riesenplaneten Jupiter erstrecken. Seine enorme Leuchtkraft ist 10.000-mal größer als die unserer Sonne. Nach Meinung der Astronomen ist er in den nächsten 1000 bis 100.000 Jahren ein aussichtsreicher Kandidat für eine Supernova, eine gigantische Sternexplosion, in der massereiche Sterne ihr Leben beenden. Der bläuliche Fußstern Rigel ist mit 60-facher Sonnengröße zwar auch ein Überriese, jedoch viel kleiner als Beteigeuze. An Leuchtkraft allerdings übertrifft er Beteigeuze noch deutlich: Er strahlt so hell wie 50.000 Sonnen und ist damit einer der hellsten Sterne in unserer Milchstraße. Auch seine Oberflächentemperatur ist mit 12.000 Grad erheblich höher als die von Beteigeuze mit nur 3000 Grad, was zu dem schönen Farbkontrast der beiden Sterne führt. Rigel ist etwa 800 Lichtjahre entfernt. In einem großen Teleskop lässt sich erkennen, dass er einen schwachen Begleiter besitzt, der aber aufgrund der großen Helligkeit des Hauptsterns schwer zu erkennen ist.

② Doppelstern 22 Orionis (22 Ori)

Das Doppelsternsystem 22 Ori ist mit einer Entfernung von 1200 Lichtjahren etwas weiter weg als Beteigeuze und Rigel. Seine Sternkomponenten stehen recht weit auseinander. Wären sie heller, könnten sie sogar mit bloßem Auge getrennt werden.

Der Himmelsjäger Orion in figürlicher Darstellung. Links oben strahlt die rötliche Beteigeuze, rechts unten der bläuliche Rigel.

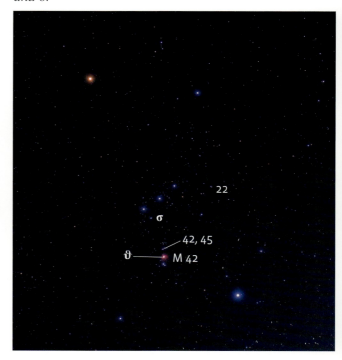

Das Sternbild Orion mit den Doppelsternen 22 und 42, 45 sowie dem Orion-Nebel M 42 und den Mehrfachsternen σ und ϑ.

Der Orion-Nebel (M 42) ist Teil einer ausgedehnten Sternentstehungsregion. Die hellen „Trapezsterne" in seinem Zentrum regen die Gasmassen zum Leuchten an.

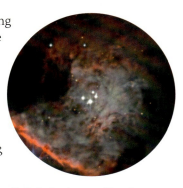

ϑ^1 Ori, der trapezförmig angeordnete Vierfachstern im Orion-Nebel, ist nur mit einem Teleskop aufzulösen.

❸ Orion-Nebel (M 42)

Der berühmte Orion-Nebel ist der hellste und beeindruckendste Gasnebel am Nachthimmel. Wie bei allen Nebeln leidet aber auch seine Beobachtung deutlich unter der Helligkeit in der Stadt, deswegen ist er unbedingt auch ein Tipp für einen Ausflug aufs Land. Dort ist er als diffuses Fleckchen schon einfach mit dem bloßen Auge auszumachen, ein Fernglas zeigt den Nebelumriss. Die zentrale Region mit den vier Trapezsternen zeichnete 1617 schon Galileo Galilei beim Blick durch ein Teleskop, Charles Messier fügte den Nebel 1769 als Nummer 42 seinem Katalog hinzu.

Innerhalb des Orion-Nebels werden zahlreiche Sterne geboren, die 1400 Lichtjahre entfernte Region ist ein regelrechtes Sternentstehungsnest. Aufnahmen des Weltraumteleskops Hubble zeigen Staubscheiben und „Globulen", Verdichtungen aus Staub und Gas, in denen sich neue Sterne bilden. Die umliegenden Gasmassen werden durch die intensive Strahlung der bereits „fertigen", heißen Sterne zum Leuchten angeregt. Auf Fotos wird das kräftige rote Glühen des Wasserstoffgases sichtbar, dessen Farbe bei einer Beobachtung aber nicht wahrzunehmen ist. Tatsächlich erstreckt sich das ganze Sternentstehungsgebiet noch über einen sehr viel größeren Bereich als den des Orion-Nebels: Die riesige Gas- und Staubwolke überdeckt das gesamte Gebiet des Sternbildes Orion.

❹ Mehrfachstern Theta Orionis (ϑ Ori)

Im Zentrum des Orion-Nebels stehen die vier jungen, heißen Sterne des Mehrfachsterns ϑ^1 Ori, die die meiste Energie zur Leuchtanregung der Gasmassen liefern. Die Sterne sind erst wenige Millionen Jahre alt und haben sich aus den umliegenden Gas- und Staubwolken gebildet. Bis zu 300 weitere heiße, massereiche und blauweiß strahlende Sterne verbergen sich in diesem Gebiet noch hinter dunklen Staubwolken. Den Begriff „Trapez" für die vier sichtbaren Sterne prägte 1684 der niederländische Astronom Christiaan Huygens wegen ihrer trapezförmigen Anordnung.

❺ Doppelstern 42, 45 Orionis (42, 45 Ori)

Der Doppelstern 42, 45 Ori ist „nur" ein optischer Doppelstern, beide Sternkomponenten stehen in keinem physikalischen Zusammenhang. Im Wahrheit stehen sie sogar weit auseinander: Während die etwas hellere, bläulich weiße Komponente 1400 Lichtjahre entfernt ist, steht uns der weiße, schwächere Stern mit 380 Lichtjahren sehr viel näher.

❻ Mehrfachstern Sigma Orionis (σ Ori)

σ Ori ist ein spannender Mehrfachstern in 1200 Lichtjahren Entfernung, der mit zunehmender Größe des Beobachtungsinstrumentes immer mehr Sterne zeigt. Das Auge zeigt ihn einfach, ein gutes Fernglas schon zweifach, ein mittleres Teleskop dreifach, und in einem großen Instrument offenbaren sich fünf Sterne. Die „Hauptkomponente" ist sehr massereich und strahlt mit 5000-facher Sonnenleuchtkraft. Sie hat einen nahen, lichtschwachen Begleiter und wird in etwas größerer Entfernung von drei weiteren Sternen umgeben.

PraxisTipp

Indirektes Sehen

Lichtschwache Objekte beobachten Sie am besten, indem Sie ein wenig an ihnen vorbeisehen. Dann werden die lichtempfindlicheren Stäbchen in unserem Auge angesprochen, die sich am Rande des zentralen Bereichs der Netzhaut befinden. Bei einer genauen Fixierung des Objektes fällt hingegen der Großteil des Lichtes auf die Mitte der Netzhaut und die darin liegenden Zapfen, die weniger lichtempfindlich sind.

WINTER 5 • HIMMELSTOUR

Zwillinge

SICHTBARKEIT		
Mitte November – Mitte Januar	Ende Januar – Ende Februar	März – Ende April
22 Uhr, Osten	22 Uhr, Süden	22 Uhr, Westen

Mit Tour 5 erkunden wir das Tierkreissternbild Zwillinge und seine Umgebung. Die Zwillinge fallen sehr leicht durch zwei helle, benachbarte Sterne auf. Zu ihren Füßen verläuft die unauffällige Wintermilchstraße.

❶ Sternbild Zwillinge ✯✯✯

Auch das Sternbild Zwillinge ist nicht schwer zu finden und recht einprägsam: Es besteht aus zwei parallel zueinander angeordneten Sternketten, die jeweils einen helleren Stern als Startpunkt besitzen. Verlängern Sie die Diagonale im Sternbild Orion vom rechten Fußstern Rigel zum linken Schulterstern Beteigeuze einmal nach oben, so sind Sie schon mitten in den Zwillingen. Wandern Sie nun noch eine Handbreit weiter nach links oben, so treffen Sie auf die beiden auffälligen Zwillingssterne Kastor und Pollux, die Hauptsterne des Sternbildes. Sie sind fast gleich hell und stehen in etwa zwei Fingerbreit Abstand voneinander.

Kastor ist ein weißer Stern und der obere der beiden. Er leuchtet ein wenig schwächer als Pollux, was aber mit bloßem Auge kaum zu sehen ist. Pollux, der untere, strahlt leicht gelblich. Eine einfache Merkregel hilft, die beiden Sterne zu unterscheiden: Der Name Kast**o**r enthält ein „o", er ist somit der obere der beiden Sterne (Richtung Polarstern gesehen), wohingegen Poll**u**x auch ein „u" enthält und der untere ist. Von den Zwillingssternen gehen die beiden parallel verlaufenden Sternketten aus, sie erstrecken sich je zwei Handbreit in Richtung Orion und bilden die Körper der beiden mythologischen Halbgeschwister.

❷ Offener Sternhaufen M 35 ✯✯

Ähnlich wie im Sternbild Fuhrmann befinden sich auch im Umfeld der Zwillinge einige hübsche Offene Sternhaufen. Einer der größeren und helleren ist M 35. Sie finden ihn, wenn Sie von Kastor ausgehend die obere Sternreihe herabwandern. Am Ende treffen Sie auf zwei Sterne, die einen leichten Bogen in Richtung Fuhrmann beschreiben. Einen knappen Fingerbreit oberhalb der letzten beiden Sterne sehen Sie M 35 im Fernglas deutlich als kleines, homogenes Wölkchen. Mit einem Teleskop können Sie den Haufen in zahlreiche Einzelsterne auflösen.

❸ Weihnachtsbaum-Sternhaufen (NGC 2264) ✯

Einen weiteren Offenen Haufen finden Sie von Pollux ausgehend: Wandern Sie die untere Sternreihe entlang bis zu Alhena, dem letzten Stern in der Kette. Zweigen Sie dort beinahe rechtwinklig nach unten ab, so gelangen Sie rund drei Fingerbreit weiter südlich zum Offenen Sternhaufen NGC 2264. Er liegt bereits auf dem Gebiet des unscheinbaren Sternbildes Einhorn und trägt den hübschen, zur Jahreszeit passenden Namen Weihnachtsbaum-Sternhaufen. Wenn Sie den Haufen durch ein gutes Fernglas auf einem Stativ oder durch ein Teleskop bei schwacher Vergrößerung beobachten, können Sie ahnen, warum er diesen Namen trägt: Ein heller Stern bildet den Fuß des „Baumes", darüber sind weitere, schwache Sterne in der Form eines Tannenbaums gruppiert. Im Fernglas steht der Weihnachtsbaum allerdings kopf, im umkehrenden Fernrohr ist er richtig herum zu sehen.

❹ Offener Sternhaufen NGC 2244 ✯✯

Schwenken Sie vom Weihnachtsbaum-Haufen nun noch gut zwei Fingerbreit weiter nach unten, etwa bis zur Verbindungslinie zwischen Prokyon im Kleinen Hund und Beteigeuze im Orion. Dort erreichen Sie den relativ hellen, aber sternarmen Offenen Haufen NGC 2244, der vor allem im Fernglas einen schönen Anblick bietet.

TeleskopTipp

Doppelstern Kastor ✯

Fernrohrbesitzer sollten sich die Herausforderung nicht entgehen lassen, den oberen Zwillingsstern auch einmal bei hoher Vergrößerung zu betrachten. Dann zeigt sich, dass Kastor aus zwei recht hellen, weißen Komponenten besteht, die nah beieinander stehen.

✯✯✯ einfach ✯✯ mittel ✯ schwierig

WINTER 5 • WISSENSWERTES

Zwillinge

1 Sternbild Zwillinge, Doppelstern Kastor

Die hellen Zwillingssterne Kastor und Pollux sind selbst am aufgehellten Stadthimmel gut zu erkennen. Schon bei den Assyrern wurden sie als Zwillingspaar angesehen. Die Griechen sahen in ihnen Kastor und Pollux, die Söhne der Leda, der Gemahlin des spartanischen Königs Tyndareos. Während Kastor auch der Sohn des Königs war, entstammte sein Zwillingsbruder Pollux der Verbindung von Leda mit dem Göttervater Zeus. Als Göttersohn war Pollux unsterblich, Kastor jedoch nicht. Als dieser schließlich in einem Kampf getötet wurde, verbrachte Pollux aus Liebe zu seinem Bruder fortan jeden zweiten Tag bei ihm in der Unterwelt.

Die Zwillinge gehören zu den Tierkreissternbildern, die Sonne durchläuft es Ende Juni bis Ende Juli, also kurz nach der Sommersonnenwende am 21. Juni. An diesem Tag passiert sie den nördlichsten Punkt ihrer Bahn, den sogenannten Sommerpunkt, und steht hoch am Himmel. Bis zum Jahr 1990 noch befand sich der Sommerpunkt in den Zwillingen, das Sternbild ist daher eines der nördlichsten Tierkreissternbilder. Heute steht die Sonne aufgrund der Kreiselbewegung der Erdachse, der Präzession, am Tag des Sommerbeginns bereits knapp im Sternbild Stier.

Den Zwillingen scheint der Sternschnuppenstrom der Geminiden zu entspringen, der jedes Jahr Anfang bis Mitte Dezember zu beobachten ist und zahlreiche helle Sternschnuppen hervorbringt. Der Name ist abgeleitet vom lateinischen Sternbildnamen Gemini. In den Zwillingen fand im Jahr 1930 auch eine lang ersehnte Entdeckung statt: Im Februar des Jahres stieß der amerikanische Astronom Clyde Tombaugh in diesem Sternbild auf den sonnenfernen Pluto, der als neunter Planet gefeiert wurde. Im August 2006 wurde er jedoch zum Zwergplaneten herabgestuft.

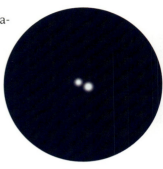

In einem Teleskop erscheint Kastor als Doppelstern mit zwei weißen Komponenten.

Kastor wird als Hauptstern der Zwillinge mit dem griechischen Buchstaben α geführt, tatsächlich ist er aber etwas lichtschwächer als der benachbarte Pollux, der nur ein β erhalten hat. Nicht auszuschließen ist, dass sich seit ihrer Benennung Anfang des 17. Jahrhunderts durch Johannes Bayer die Helligkeiten der beiden Sterne verändert haben und die Namen früher gerechtfertigt waren. Kastor erscheint dem bloßen Auge als bläulich weißer Stern, er ist 52 Lichtjahre entfernt. In einem mittleren Teleskop lassen sich zwei Sterne ausmachen, sie bilden einen physischen (tatsächlichen) Doppelstern und umkreisen einander in knapp 500 Jahren. Die gegenseitige Distanz der beiden Sterne wächst momentan an, vor dem Jahr 2010 war das Kastor-System nur mit einem großen

Die Sterne Kastor und Pollux repräsentieren die Köpfe der mythologischen Zwillingsbrüder. Ihre Körper werden durch zwei lange Sternketten dargestellt.

Der Offene Sternhaufen M 35 enthält zahlreiche, eher verstreut stehende Sterne.

Teleskop zu trennen. Heute weiß man, dass Kastor in Wahrheit ein Sechsfachstern ist. Beide im Teleskop sichtbaren Sterne sind wiederum doppelt, und die beiden Doppelpärchen werden in etwas größerem Abstand von einem weiteren, lichtschwachen Doppelstern begleitet. Im Teleskop aber sind sie nicht zu sehen.

Pollux ist ein orangefarbener Riesenstern in rund 34 Lichtjahren Entfernung. Damit ist er kein wirklicher Nachbar von Kastor, sondern steht uns deutlich näher. Er ist rund 10-mal so groß wie unsere Sonne und strahlt mit einer nur geringen Oberflächentemperatur von etwa 4200 Grad rötlich. Seine Farbe bildet einen hübschen Kontrast zum weißblauen Kastor.

❷ Offener Sternhaufen M 35

Knapp 3000 Lichtjahre entfernt steht der Offene Sternhaufen M 35, den Charles Messier im Jahr 1764 in seinen Katalog aufnahm. Entdeckt wurde er schon rund 20 Jahre früher von dem schweizerischen Astronomen Jean-Philippe Loys de Chéseaux. Mit rund 3000 Sternen ist M 35 einer der reichsten Offenen Haufen des Winterhimmels, seine Sterne sind jedoch wenig zum Zentrum konzentriert. Sein Alter beträgt rund 150 Millionen Jahre.

❸ Weihnachtsbaum-Sternhaufen (NGC 2264)

Der Weihnachtsbaum-Sternhaufen, der Ende des 18. Jahrhunderts von dem deutsch-englischen Astronomen Wilhelm Herschel entdeckt wurde, steht im Zentrum des Wintersechsecks. Der Haufen ist rund 2600 Lichtjahre entfernt und erinnert mit seiner dreieckigen Form an einen Weihnachtsbaum. In der Stadt ist nicht sichtbar – und auch unter einem Landhimmel kaum –, dass die Sterne in einen leuchtenden Gasnebel eingebettet sind. Dieser tritt jedoch auf lang belichteten Fotografien in der charakteristischen roten Farbe glühenden Wasserstoffs hervor. Darauf erkennt man ebenfalls eine fingerartige Dunkelwolke, die Teile des leuchtenden Gases abschattet. Aufgrund ihrer Form trägt die Wolke den Namen Konusnebel. Ähnlich wie beim Orion-Nebel handelt es sich auch bei NGC 2264 um ein sehr aktives Sternentstehungsgebiet mit einem außerordentlich jungen Sternhaufen. Sterne mit dem jugendlichen Alter von knapp 100.000 Jahren und Staubscheiben, die die Vorformen von Sternen darstellen, sind dort nachweisbar. Unter der Katalognummer NGC 2264 sind beide, der Sternhaufen und das Nebelgebiet, zusammengefasst.

❹ Offener Sternhaufen NGC 2244

Der Offene Sternhaufen NGC 2244 im Sternbild Einhorn ist bei weitem nicht so bekannt wie der leuchtende Gasnebel, der ihn umgibt, der sogenannte Rosettennebel (NGC 2237). Unter Stadtbedingungen ist der Nebel nicht sichtbar. Auf Fotografien jedoch offenbart er sich als schöner, rot leuchtender Gasnebel in der Form einer Rosette. Die mit „nur" vier Millionen Jahren noch jungen Sterne des Haufens NGC 2244 regen die umliegenden Gasmassen, aus denen sie sich gebildet haben, mit ihrer intensiven Strahlung zum Leuchten an. Auch hier sehen wir also in rund 5000 Lichtjahren Entfernung in ein noch aktives Sternentstehungsnest.

Der helle Stern im Haufen NGC 2264 bildet den Fuß des auf dem Kopf stehenden Weihnachtsbaums aus Sternen. Im unteren Bildteil ist der dunkle Konusnebel zu erkennen.

Der hübsche, aber nur unter einem dunklen Himmel sichtbare Rosettennebel ist erheblich bekannter als der Sternhaufen NGC 2244, den er umgibt.

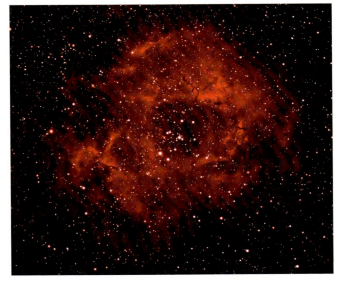

WINTER 6 • HIMMELSTOUR

Großer Hund, Kleiner Hund

SICHTBARKEIT		
Ende Dezember – Mitte Januar	**Ende Januar – Ende Februar**	März
22 Uhr, Südosten	**22 Uhr, Süden**	22 Uhr, Südwesten

Die sechste Wintertour führt uns in die Region um Sirius, den hellsten Stern des gesamten Himmels. Dort finden wir die eher unauffälligen Sternbilder Großer und Kleiner Hund, die aber beide wegen ihrer hell strahlenden Hauptsterne leicht zu finden sind.

❶ 👁 Sternbild Großer Hund ✦✦✦

Der Startpunkt unserer Tour ist sehr einfach zu finden: Sirius, der hellste Stern des Himmels, ist gut eine Handbreit über dem Südhorizont nicht zu übersehen. Sein strahlend helles Sternlicht zeigt ein ausgeprägtes Funkeln, besonders auffallend bei windigem Wetter. Bei genauerem Hinsehen sind auch Farbvariationen zu sehen, vor allem im Fernglas: Sirius funkelt weißlich, mit schnell wechselnden blauen und roten „Einwürfen".

Das zu Sirius gehörige Sternbild Großer Hund ist in unseren Breiten wegen seiner horizontnahen Stellung nicht sehr auffällig, obwohl einige seiner Sterne so hell sind wie die des bekannten Großen Wagens. Sirius repräsentiert den Kopf des Hundes, der zweithellste Stern Mirzam, der etwa zwei Fingerbreit rechts neben ihm liegt, steht für eine Vorderpfote. Gut eine Handbreit weiter Richtung Horizont finden Sie die Hinterbeine und den Schwanz des Hundes. Die unteren Sternbildregionen sind in unseren Breiten wegen Häusern, Bäumen oder anderen möglichen Sichthindernissen nicht mehr überall zu sehen.

❷ 👁 Sternbild Kleiner Hund ✦✦✦

Man vermutet schon, dass es neben einem Großen Hund auch einen Kleinen Hund gibt: Am Himmel ist er nicht weit entfernt von seinem großen Bruder. Rund zwei Handbreit schräg links oberhalb von Sirius treffen Sie auf seinen gelblichen Hauptstern, Prokyon. Er ist der einzige helle Stern in dieser Gegend und daher leicht zu finden. Wie Sirius zählt Prokyon zum Wintersechseck. Zum Kleinen Hund gehört im Wesentlichen nur noch ein weiterer hellerer Stern – ähnlich wie beim Sternbild Jagdhunde –, das auch nur zwei hellere Sterne besitzt (Frühlingstour 3).

❸ ⚡ ✏ Offener Sternhaufen NGC 2301 ✦✦

Von Prokyon aus starten wir zum nächsten Ziel unserer Himmelstour, dem Offenen Sternhaufen NGC 2301. Verbinden Sie in Gedanken Prokyon mit der rötlichen Beteigeuze, dem linken oberen Schulterstern des Orion. Wandern Sie dann vom Mittelpunkt dieser Strecke aus zwei Fingerbreit senkrecht nach unten. Dort stoßen Sie mit dem Fernglas auf eine kleine, auffallend längliche Sternansammlung, die fast genau in Nord-Süd-Richtung ausgerichtet ist. NGC 2301 ist also kein runder Sternhaufen, sondern eher eine Sternkette. Ein Blick durch ein Teleskop offenbart zahlreiche Einzelsterne, es empfiehlt sich, nur gering zu vergrößern.

❹ ⚡ ✏ Offener Sternhaufen M 50 ✦

Wandern Sie nun von Prokyon aus nach Süden in Richtung Sirius, dort wartet mit M 50 noch eine Herausforderung. Etwa auf halber Strecke – ein Stück weiter Richtung Sirius –, erreichen Sie die Position des Offenen Sternhaufens. M 50 liegt mitten im „Nichts", genauer gesagt im absolut unauffälligen Sternbild Einhorn, das nur schwache Sterne enthält und selbst unter einem dunklen Landhimmel nicht einfach auszumachen ist. Am Stadthimmel ist auch der Sternhaufen M 50 selbst ein schwieriges Objekt, erschwerend kommt seine tiefe Stellung am Himmel hinzu: Selbst in einem guten Fernglas können Sie ihn nur als schwachen, milchigen Fleck erahnen, am besten, indem Sie ein wenig an ihm vorbeischauen (vgl. Kasten S. 111). In einem kleinen Teleskop können Sie erste Einzelsterne erkennen.

❺ ⚡ ✏ Offener Sternhaufen M 41 ✦✦

Beschließen wollen wir unsere Tour wieder mit einem einfacheren Objekt, dem Offenen Sternhaufen M 41. Kehren Sie dazu zum Ausgangspunkt Sirius zurück und schwenken Sie von ihm etwa zwei Fingerbreit in Richtung Horizont. Der Offene Sternhaufen M 41 ist im Fernglas leicht auszumachen, zu erkennen sind auch schon Einzelsterne. Empfehlenswert ist jedoch die Verwendung eines Stativs.

✦✦✦ einfach ✦✦ mittel ✦ schwierig

Großer Hund, Kleiner Hund

1 Sternbild Großer Hund

Das Sternbild Großer Hund war bereits den Völkern der Antike bekannt. Im alten Ägypten kündigte das erstmalige Auftauchen des hellen Sterns Sirius am Morgenhimmel das Nil-Hochwasser und die kommende, fruchtbare Periode an. Der Stern läutete außerdem die Zeit der „Hundstage" ein, eine Periode von 40 Tagen, in denen es besonders heiß war. Den Ausdruck gibt es heute noch, obwohl Sirius wegen der Kreiselbewegung der Erdachse, der Präzession, heute erst Ende August am Morgenhimmel erscheint.

Sirius ist der hellste Stern des Himmels, nur die Planeten Venus, Jupiter und mitunter Mars übertreffen seine Helligkeit. Der Stern profitiert dabei vor allem von seiner Nähe, mit nur 8,6 Lichtjahren Entfernung ist er einer unserer nächsten Nachbarsterne. Tatsächlich leuchtet Sirius zwar auch 23-mal heller als unsere Sonne, sein scheinbar schwächerer Nachbarstern Mirzam ist jedoch in Wahrheit sehr viel leuchtkräftiger. Er erscheint nur schwächer durch seine große Entfernung von 500 Lichtjahren. Wegen seiner horizontnahen Position funkelt und flackert Sirius in allen Farben. Sein Sternlicht passiert in unseren Breiten stets die bodennahen, besonders turbulenten Luftschichten der Erdatmosphäre, die diese Effekte hervorrufen. Grundsätzlich treten sie bei allen tiefstehenden Sternen auf, bei Sirius sind sie aber wegen seiner enormen Helligkeit besonders auffällig.

Der Name Sirius stammt aus dem Griechischen und bedeutet so viel wie „der besonders helle Brennende". Mit 9000 Grad Oberflächentemperatur ist er deutlich heißer als unsere Sonne und strahlt deswegen ein bläulich weißes Licht aus. Er ist fast doppelt so groß wie die Sonne und bringt mehr als die doppelte Masse auf die Waage. Mit 240 Millionen Jahren ist er ein noch recht junger Stern. Wegen seiner Nähe zeigt Sirius auch eine recht große Eigenbewegung über den Himmel: Innerhalb von 2000 Jahren legt er eine Strecke von der Größe des anderthalbfachen Vollmonddurchmessers zurück.

Der strahlend helle Sirius A mit seinem winzig kleinen Begleiter Sirius B.

Aufgrund von Schwankungen in dieser Bewegung vermutete 1844 bereits Friedrich Wilhelm Bessel die Existenz eines dunkleren Begleitsterns, der die Bewegung durch seine Schwerkraft beeinflusst. 1862 wurde der Begleiter von dem amerikanischen Optiker und Teleskopbauer Alvan Clark tatsächlich entdeckt. Der Hauptstern Sirius A und sein Begleiter Sirius B umkreisen sich mit einer Periode von 50 Jahren. Da Sirius B jedoch erheblich lichtschwächer ist, wird er von Sirius A stark überstrahlt und ist nur in sehr großen Teleskopen unter guten Bedingungen zu erkennen. Sirius B ist auch kein „normaler" Stern: Nur von der Größe der Erde, ist er für einen Stern winzig, jedoch fast so schwer wie die Sonne und ungeheuer dicht. Ein Teelöffel seiner Materie wöge auf der Erde rund eine Tonne. Mit einer Oberflächentemperatur von 25.000 Grad ist der kleine Stern extrem heiß und strahlt ein grellweißes Licht aus. Man bezeichnet Sirius B als Weißen Zwerg. Eigentlich ist er eine Sternleiche, der ausgebrannte Rest eines ehemals viel größeren Sterns, der einen Großteil seiner Materie ins All abgeblasen hat. Inzwischen kennt man viele solcher Weißen Zwerge, Sirius B war jedoch der erste, den man entdeckte.

Der Große Hund fällt in unseren Breiten vor allem wegen seines Hauptsterns auf: Sirius ist der hellste Stern des ganzen Himmels.

2 Sternbild Kleiner Hund

Der Kleine und der Große Hund stehen am Himmel beisammen, sie begleiten den Himmelsjäger Orion auf der Jagd. Das Sternbild Kleiner Hund ist noch unscheinbarer als der Große Hund. Der griechische Name des Hauptsterns Prokyon bedeutet so viel wie „vor dem Hund" und spielt darauf an, dass Prokyon in unseren Breiten stets vor dem Hundsstern Sirius aufgeht.

Auch Prokyon gehört mit nur 11 Lichtjahren Entfernung zu unseren nächsten Nachbarsternen. Mit einer

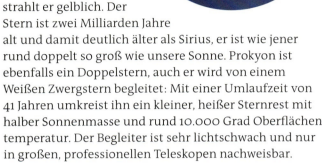

Der Kleine Hund in figürlicher Darstellung. Obwohl Prokyon ein heller Stern ist, verblasst sein Glanz gegen den strahlenden Sirius etwas.

Oberflächentemperatur von fast 7000 Grad strahlt er gelblich. Der Stern ist zwei Milliarden Jahre alt und damit deutlich älter als Sirius, er ist wie jener rund doppelt so groß wie unsere Sonne. Prokyon ist ebenfalls ein Doppelstern, auch er wird von einem Weißen Zwergstern begleitet: Mit einer Umlaufzeit von 41 Jahren umkreist ihn ein kleiner, heißer Sternrest mit halber Sonnenmasse und rund 10.000 Grad Oberflächentemperatur. Der Begleiter ist sehr lichtschwach und nur in großen, professionellen Teleskopen nachweisbar.

❸ Offener Sternhaufen NGC 2301

Der Offene Sternhaufen NGC 2301 wurde 1786 von dem deutsch-englischen Astronomen Wilhelm Herschel entdeckt. Die Sternreihe erstreckt sich etwa über die Strecke eines halben Vollmonddurchmessers. Der Haufen enthält rund 80 Sterne und ist gut 2000 Lichtjahre von uns entfernt. Am Himmel finden Sie ihn nicht weit von dem in Tour 5 beschriebenen Sternhaufen NGC 2244.

❹ Offener Sternhaufen M 50

M 50 wurde im Jahr 1711 von dem italienisch-französischen Astronomen Giovanni Domenico Cassini entdeckt, Charles Messier fügte ihn 1772 seiner Liste „nebliger" Objekte hinzu. In einer Entfernung von 3000 Lichtjahren

Im Sternhaufen NGC 2301 fällt besonders die nach Nord-Süd ausgerichtete Sternkette auf.

stehen hier etwa 250 Sterne zusammen, die zum Zentrum hin wenig konzentriert sind. Unter einem dunklen Landhimmel sind die hellsten Einzelsterne schon im Fernglas sichtbar, auf jeden Fall aber in einem kleinen Teleskop. Mit rund 80 Millionen Jahren ist M 50 ein recht junger Offener Haufen.

❺ Offener Sternhaufen M 41

Der helle Offene Sternhaufen M 41 liegt direkt südlich von Sirius und wurde vermutlich schon von Aristoteles um 325 v.Chr. gesichtet. Das ist nicht überraschend, wenn man bedenkt, welch wichtige Rolle Sirius im Altertum spielte. Charles Messier fügte den Sternhaufen im Jahr 1765 seinem Katalog als Nummer 41 hinzu. Der Haufen ist knapp 2500 Lichtjahre entfernt und enthält rund 100 Sterne in lockerer Anordnung, sein Alter liegt zwischen 200 und 300 Millionen Jahren. M 41 ist einer der schönsten Sternhaufen für ein Fernglas oder ein kleines Teleskop bei schwacher Vergrößerung. Durch seine geringe Höhe über dem Horizont sind die Beobachtungsbedingungen in unseren Breiten jedoch nicht so gut wie in südlicheren Gefilden.

Der Offene Sternhaufen M 50 im Sternbild Einhorn ist am Stadthimmel im Fernglas eine Herausforderung.

M 41 liegt direkt unterhalb von Sirius, er ist hell und leicht zu finden.

WINTER 7 • HIMMELSTOUR

Kassiopeia

SICHTBARKEIT		
Juli – September	Oktober – Dezember	**Januar – März**
22 Uhr, Nordosten	22 Uhr, Norden	**22 Uhr, Nordwesten**

In Tour 7 betrachten wir den Winterhimmel in nördlicher Richtung, wir erkunden das Sternbild Kassiopeia und seine Umgebung. Das Himmels-W, das im Herbst fast im Zenit stand, sinkt nun langsam weiter nach unten.

❶ Sternbild Kassiopeia ✦✦✦

Die Kassiopeia finden Sie etwa zwei Handbreit westlich des Polarsterns. Fünf helle Sterne bilden eine charakteristische W-Form, die dem Sternbild seinen „Zweitnamen" beschert haben: Es wird auch „Himmels-W" genannt. Die mittlere Spitze des W zeigt stets zum Polarstern. Das Sternbild wird durchzogen von der Milchstraße, die sich im Winter und im Sommer in hohem Bogen über den Himmel spannt. Am Nordwesthimmel senkt sie sich durch das Sternbild Kassiopeia in Richtung Deneb zum Horizont hinab. Mit bloßem Auge ist von der Milchstraße in der Stadt nicht viel zu sehen, beim Durchstreifen des Himmels-W mit einem Fernglas werden Sie jedoch auf einige hübsche Sternhaufen stoßen.

❷ Offener Sternhaufen NGC 457 ✦✦

Den Offenen Sternhaufen NGC 457 finden Sie etwa an der linken unteren Spitze des W, nicht weit vom Stern δ Cas. Schwenken Sie von dort aus noch rund einen Fingerbreit nach links. Im Fernglas können Sie den Haufen nun erkennen, auffällig sind zwei besonders helle Sterne am Rand. Ein Blick durch ein Teleskop zeigt dies noch deutlicher, es empfiehlt sich eine mittlere Vergrößerung.

❸ Offener Sternhaufen M 103 ✦

Schwenken Sie von δ Cas aus in die andere Richtung, den ersten W-Schenkel wieder einen Fingerbreit aufwärts, so treffen Sie auf den Offenen Sternhaufen M 103. Er ist jedoch nicht leicht auszumachen, da er nicht besonders hell und auch recht klein ist. Im Fernglas sehen Sie nur ein milchiges Fleckchen. In einem kleinen Teleskop hingegen können Sie Einzelsterne sehen.

❹ Offener Sternhaufen NGC 663 ✦

Wandern Sie von M 103 aus noch einen Fingerbreit weiter den W-Abstrich hoch, so erreichen Sie den Offenen Haufen NGC 663. Er ist im Fernglas als nebliger Fleck etwas einfacher auszumachen als M 103, aber auch er zählt zu den eher schwächeren Vertretern seiner Art. Im Teleskop zeigt er zahlreiche Einzelsterne.

❺ Doppelstern 11, 12 Camelopardalis (11, 12 Cam) ✦✦

Für Fernglasbeobachter hält das benachbarte, unscheinbare Sternbild Giraffe noch einen Doppelstern bereit, der in diesem Instrument leicht getrennt werden kann. Verlängern Sie dazu die Flanke des zenitnahen Fuhrmanns bei Kapella einmal in Richtung Polarstern. Beide Sternkomponenten sind recht lichtschwach, sie zeigen aber einen deutlichen Farbunterschied: Der hellere Stern strahlt bläulich, der schwächere gelblich.

❻ Stern Deneb ✦✦✦

Der helle Stern Deneb gehört eigentlich an den Sommerhimmel in das Sternbild Schwan (s. Sommertour 7). Deneb ist jedoch zirkumpolar, er geht also niemals unter. Demzufolge ist er auch am Winterhimmel vertreten: Sie finden ihn dann tief im Norden. Als heller Lichtpunkt fällt er auch am aufgehellten, dunstigen Horizont noch recht gut auf.

Info

Großer Wagen – Kassiopeia ✦✦✦

Das Gespann Großer Wagen – Kassiopeia erscheint im Winter in Rechts-Links-Stellung. Der Große Wagen balanciert auf seiner Deichsel, das Himmels-W steht links vom Polarstern und ist nach rechts gekippt. Allmählich sinkt es zum Horizont, während der Wagen immer höher steigt.

✦✦✦ einfach ✦✦ mittel ✦ schwierig

Kassiopeia

❶ Sternbild Kassiopeia

Die Kassiopeia ist eines der ältesten und bekanntesten Sternbilder. Stets ist sie am Himmel zu sehen, da ihre Sterne zirkumpolar sind. In der griechischen Mythologie repräsentiert sie die Gemahlin des Königs von Äthiopien, der durch das unscheinbare Sternbild Kepheus dargestellt wird. Als sich Kassiopeia eines Tages rühmte, schöner zu sein als die Nereiden, die Nymphen des Meeres, sandte der Meeresgott Poseidon das Ungeheuer Cetus an die Küste Äthiopiens, um diese zu verwüsten. Besänftigt werden konnte das Monster laut einem Orakelspruch nur dadurch, dass ihm die Tochter des Königspaares geopfert würde. So wurde die schöne Andromeda an einen Felsen geschmiedet, in allerletzter Sekunde jedoch konnte sie der Held Perseus retten. Ihre Mutter Kassiopeia hingegen wurde zur Strafe für ihren Hochmut an ihren Thron gekettet, auf dem sie nun immerfort den Polarstern umkreisen muss – einen Teil der Zeit auch kopfüber.

Im Jahr 1572 leuchtete im Sternbild Kassiopeia eine Supernova auf, ein scheinbar „neuer Stern", der von dem dänischen Astronomen Tycho Brahe entdeckt und beobachtet wurde. Die Erscheinung strahlte außerordentlich hell am Himmel und verblasste erst nach einem Jahr. Heute weiß man, dass es sich bei einer Supernova um die finale Explosion eines Sterns handelt. Aus dem Gebiet um „Tychos Supernova" (Tychos SN), wie sie inzwischen heißt, empfängt man auch heute noch starke Radiostrahlung. Die stärkste „Radioquelle" am Himmel ist jedoch der Überrest einer Supernova aus dem Jahr 1680. Die Quelle befindet sich auch in der Kassiopeia und wird mit Cassiopeia A (Cas A) bezeichnet. Beobachtet wurde diese rund 10.000 Lichtjahre entfernte Supernova jedoch nicht, da sie von Gas- und Staubwolken verdeckt war. Auch ihr Überrest – ein leuchtender Gasnebel – wurde erst gefunden, nachdem 1947 mit Radioteleskopen die starke Strahlung entdeckt worden war.

❷ Offener Sternhaufen NGC 457

Der Offene Sternhaufen mit der Katalogbezeichnung NGC 457 ist einer der hellsten Sternhaufen in der Kassiopeia. Er wurde im Jahr 1787 von dem deutsch-englischen Astronomen Wilhelm Herschel entdeckt und liegt in knapp 10.000 Lichtjahren Entfernung. Der Haufen ist recht verstreut und enthält rund 80 Sterne. Wegen seines Aussehens hat er mehrere Spitznamen, darunter Eulenhaufen oder ET-Haufen. Die beiden hellen Sterne am Haufenrand kann man sich dabei als die Augen einer Eule oder des außerirdischen Männchens „ET" vorstellen, weitere Sternketten, die im Teleskop sichtbar werden, bilden seine Arme und Beine. Der hellste Stern im Haufen trägt die Katalogbezeichnung φ Cas, er ist ein weißer Überriese in nur rund 5000 Lichtjahren Entfernung. Der Stern scheint also nicht zum Haufen zu gehören, sondern

Das Sternbild Kassiopeia in figürlicher Darstellung sowie die Positionen der Supernova-Reste Cas A und Tychos SN.

Der Offene Sternhaufen NGC 457 heißt auch Eulenhaufen oder „ET"-Haufen. Der hellste Stern ist φ Cas.

räumlich davor zu stehen. NGC 457 ist mit „nur" 20 Millionen Jahren ein noch junger Offener Sternhaufen.

③ Offener Sternhaufen M 103

Der Offene Sternhaufen M 103 ist einer der letzten Einträge des Messier-Kataloges. Von Messiers Kollege Pierre Méchain entdeckt, wurde er 1781 in die Messier-Liste aufgenommen. Der Haufen ist mit 22 Millionen Jahren ebenfalls jung und steht in rund 7000 Lichtjahren Entfernung. Er umfasst etwa 100 Sterne und ist nicht sehr konzentriert. Auffällig bei seiner Betrachtung im Fernrohr ist der dreieckige Umriss. Der hellste Stern steht am Haufenrand und ist ein Vordergrundstern.

④ Offener Sternhaufen NGC 663

Der Offene Sternhaufen NGC 663 befindet sich wie M 103 in etwa 7000 Lichtjahren Entfernung und wurde – wie NGC 457 – im Jahr 1787 von Wilhelm Herschel entdeckt. Zusammen mit M 103 gehört NGC 663 mit seinen rund 80 noch jungen Haufenmitgliedern zu der sogenannten OB-Assoziation Cassiopeia OB8, einem lockeren Verbund von Sternen, die ähnliche physikalische Eigenschaften zeigen. Die Sterne sind jedoch nicht durch ihre Schwerkraft aneinander gebunden und werden im Verlauf von Jahrmillionen auseinanderdriften.

⑤ Doppelstern 11, 12 Camelopardalis (11, 12 Cam)

Das Sternbild Giraffe (lat.: Camelopardalis) ist sehr unscheinbar, es ist ein neuzeitliches Sternbild, das im Jahr

Am Stadthimmel ist der Offene Sternhaufen M 103 im Fernglas nicht leicht zu finden.

1613 von dem holländischen Pfarrer und Amateurastronomen Petrus Plancius eingeführt wurde. Die Giraffe besteht nur aus lichtschwachen Sternen und befindet sich in einem sternarmen Gebiet zwischen Polarstern, Perseus und Fuhrmann. Mit 11, 12 Cam enthält sie aber einen weiten Fernglas-Doppelstern, dessen Komponenten einen schönen Farbunterschied zeigen. Beide Sterne stehen in rund 650 Lichtjahren Entfernung, wegen ihres großen gegenseitigen Abstandes sind sie aber vermutlich nur ein optisches (scheinbares) Doppelsternsystem.

Auch der Sternhaufen NGC 663 zählt zu den schwächeren Himmelszielen, er ist jedoch einfacher zu finden als M 103.

ANHANG

Sternbilder, Planeten & Finsternisse

Auf diesen Seiten finden Sie die bei uns sichtbaren Sternbilder mit ihren lateinischen Namen sowie die besten Beobachtungszeiten für die Planeten von Merkur bis Saturn. Auch die Zeitpunkte kommender Sonnen- und Mondfinsternisse erfahren Sie hier.

Die in Mitteleuropa sichtbaren Sternbilder

Name des Sternbildes	Lateinischer Name	Lateinischer Genitiv	Abkürzung	Seite
Adler	Aquila	Aquilae	Aql	42, 60
Andromeda	Andromeda	Andromedae	And	84
Becher	Crater	Crateris	Crt	–
Bootes	Bootes	Bootis	Boo	22, 32
Delfin	Delphinus	Delphini	Del	68
Drache	Draco	Draconis	Dra	72
Dreieck	Triangulum	Trianguli	Tri	84
Eidechse	Lacerta	Lacertae	Lac	–
Einhorn	Monoceros	Monocerotis	Mon	112, 116
Eridanus	Eridanus	Eridani	Eri	–
Fische	Pisces	Piscium	Psc	80
Füchschen	Vulpecula	Vulpeculae	Vul	68
Fuhrmann	Auriga	Aurigae	Aur	72, 98, 104
Füllen	Equuleus	Equulei	Equ	–
Giraffe	Camelopardalis	Camelopardalis	Cam	120
Großer Bär	Ursa Maior	Ursae Maioris	UMa	36, 72
Großer Hund	Canis Maior	Canis Maioris	CMa	98, 116
Haar der Berenike	Coma Berenices	Comae Berenices	Com	28
Hase	Lepus	Leporis	Lep	–
Herkules	Hercules	Herculis	Her	48
Jagdhunde	Canes Venatici	Canum Venaticorum	CVn	28
Jungfrau	Virgo	Virginis	Vir	22, 32
Kassiopeia	Cassiopeia	Cassiopeiae	Cas	92, 120
Kepheus	Cepheus	Cephei	Cep	92
Kleiner Bär	Ursa Minor	Ursae Minoris	UMi	36
Kleiner Hund	Canis Minor	Canis Minoris	CMi	98, 116
Kleiner Löwe	Leo Minor	Leonis Minoris	LMi	–
Krebs	Cancer	Cancri	Cnc	24
Leier	Lyra	Lyrae	Lyr	42, 48
Löwe	Leo	Leonis	Leo	22, 28
Luchs	Lynx	Lyncis	Lyn	24
Nördliche Krone	Corona Borealis	Coronae Borealis	CrB	32
Orion	Orion	Orionis	Ori	98, 100, 108
Pegasus	Pegasus	Pegasi	Peg	78, 80
Perseus	Perseus	Persei	Per	88
Pfeil	Sagitta	Sagittae	Sge	68
Rabe	Corvus	Corvi	Crv	–
Schild	Scutum	Scuti	Sct	52, 60
Schlange	Serpens	Serpentis	Ser	32, 60

Name des Sternbildes	Lateinischer Name	Lateinischer Genitiv	Abkürzung	Seite
Schlangenträger	Ophiuchus	Ophiuchi	Oph	44, 60
Schütze	Sagittarius	Sagittarii	Sgr	52, 56
Schwan	Cygnus	Cygni	Cyg	42, 64, 120
Skorpion	Scorpius	Scorpii	Sco	44
Steinbock	Capricornus	Capricorni	Cap	68
Stier	Taurus	Tauri	Tau	98, 100, 104
Südlicher Fisch	Piscis Austrinus	Piscis Austrini	PsA	80
Waage	Libra	Librae	Lib	–
Walfisch	Cetus	Ceti	Cet	88
Wassermann	Aquarius	Aquarii	Aqr	80
Wasserschlange	Hydra	Hydrae	Hya	24
Widder	Aries	Arietis	Ari	88
Zwillinge	Gemini	Geminorum	Gem	98, 112

Das griechische Alphabet

α	alpha	ν	nü
β	beta	ξ	xi
γ	gamma	ο	omikron
δ	delta	π	pi
ε	epsilon	ρ	rho
ζ	zeta	σ	sigma
η	eta	τ	tau
ϑ	theta	υ	ypsilon
ι	jota	φ	phi
κ	kappa	χ	chi
λ	lambda	ψ	psi
μ	mü	ω	omega

Die Sichtbarkeiten der Planeten

Günstige Zeiten zur Beobachtung von Merkur und Venus

Jahr	Merkur abends	Merkur morgens	Venus abends	Venus morgens
2011	23. März	3. September	–	Januar
2012	5. März	4. Dezember	März	August
2013	12. Juni	18. November	November	–
2014	25. Mai	1. November	–	März
2015	7. Mai	16. Oktober	Juni	Oktober

Günstige Zeiten zur Beobachtung von Mars, Jupiter und Saturn

Jahr	Mars	Jupiter	Saturn
2011	–	Oktober (Widder)	April (Jungfrau)
2012	März (Löwe)	Dezember (Stier)	April (Jungfrau)
2013	–	Dezember (Zwillinge)	April (Waage)
2014	April (Jungfrau)	Januar (Zwillinge)	Mai (Waage)
2015	–	Februar (Krebs)	Mai (Waage)

Finsternisse

Die Mondfinsternisse der nächsten Jahre

Datum	Art der Finsternis	Beginn (MEZ)	Mitte (MEZ)	Ende (MEZ)
15. Jun. 2011	total	–	21:12	23:02
25. Apr. 2013	partiell	20:51	21:07	21:23
28. Sep. 2015	total	02:06	03:47	05:27
27. Jul. 2018	total	19:24	21:22	23:19
21. Jan. 2019	total	04:33	06:12	07:51
16. Jul. 2019	partiell	21:01	22:31	24:00

Die Sonnenfinsternisse der nächsten Jahre

Datum	Art der Finsternis	Beginn (MEZ)	Mitte (MEZ)	Ende (MEZ)	Bedeckungsgrad
04. Jan. 2011	partiell	08:24	09:17	10:42	77 %
20. Mrz. 2015	partiell	09:30	10:38	11:50	79 %
10. Jun. 2021	partiell	10:26	11:25	12:27	21 %
25. Okt. 2022	partiell	10:11	11:09	12:10	34 %
29. Mrz 2025	partiell	11:22	12:11	13:00	28 %

ANHANG

Lesetipps & Links

Buchtipps aus dem Kosmos-Verlag

Garlick, M.A.: Der große Atlas des Universums
  Kompetentes Nachschlagewerk mit atemberaubenden Illustrationen
Hahn, H.-M.: Was tut sich am Himmel
  Das Pocket-Jahrbuch für neugierige Naturbeobachter, erscheint jährlich im Sommer
Hahn, H.-M.: Das 1mal1 der Astronomie
  Mit der Weltraum-Simulationssoftware Redshift
Herrmann, J.: Welcher Stern ist das?
  Der Klassiker für erste Himmelstouren
Keller, H.-U.: Kosmos Himmelsjahr
  Das beliebteste Astronomie-Jahrbuch, erscheint jährlich im Herbst
Klötzler, H.-J.: Das Astro-Teleskop für Einsteiger
  Infos vom Fernglas bis zum Spiegelteleskop
Schittenhelm, K.M.: Sterne finden ganz einfach
  Die 25 schönsten Sternbilder
Seip, S.: Himmelsfotografie mit der digitalen Spiegelreflexkamera
  Die schönsten Fotomotive bei Tag und Nacht
Weisheit, B./Seip, S.: Astronomie – Sterne beobachten
  Der leicht verständliche Einsteigerkurs

Sternkarten und -atlanten

Hahn, H.-M.: Sternkarte für Einsteiger
  Sternkarte easy – ein Dreh genügt
Hahn, H.-M.: Drehbare Kosmos-Sternkarte
  Der Klassiker für Hobby-Astronomen
Karkoschka, E.: Atlas für Himmelsbeobachter
  250 Himmelsobjekte für Fernglas und Fernrohr
Sinnott, R.W.: Kosmos Sternatlas kompakt
  Der Sternenhimmel auf 80 handlichen Karten

Zeitschriften

Interstellarum
  Oculum-Verlag
  Zeitschrift für fortgeschrittene Hobby-Astronomen
Journal für Astronomie
  Vereinigung der Sternfreunde e.V.
  Das Mitgliedermagazin der VdS mit vielen Praxisbeiträgen
Sterne und Weltraum
  Spektrum Verlag
  Das führende Astronomie-Magazin

Internetlinks

www.astronomie.de
  Die Homepage für Hobby-Astronomen
www.calsky.de
  Berechnungen von Himmelsereignissen
www.kosmos-himmelsjahr.de
  Homepage zum Jahrbuch mit aktuellen Himmelsereignissen
www.redshift-live.de
  Die Astro-Community im Internet
www.sternfreunde.de
  Homepage der Vereinigung der Sternfreunde

Impressum

Umschlaggestaltung von eStudio Calamar unter Verwendung zweier Sternkarten von Gunther Schulz, Fußgönheim, sowie dreier Farbfotos von Martin Gertz, Sternwarte Welzheim/Planetarium Stuttgart, und eines Farbfotos von Klaus M. Schittenhelm, Stuttgart.

Mit 91 Farbfotos und 68 Farbzeichnungen.

Unser gesamtes lieferbares Programm und viele weitere Informationen zu unseren Büchern, Spielen, Experimentierkästen, DVDs, Autoren und Aktivitäten finden Sie unter www.kosmos.de

Gedruckt auf chlorfrei gebleichtem Papier

© 2011, Franckh-Kosmos Verlags-GmbH & Co. KG, Stuttgart
Alle Rechte vorbehalten
ISBN 978-3-440-12616-5
Redaktion: Justina Engelmann
Produktion: Siegfried Fischer, Ralf Paucke
Printed in Germany / Imprimé en Allemagne

Bildnachweis

Abkürzungen: u – unten, o – oben, m – Mitte, li – links, re – rechts, ore – oben rechts, oli – oben links, ure – unten rechts, uli – unten links, mre – Mitte rechts, mli – Mitte links

S. 20/21: Venus (links) und Merkur in der Abenddämmerung, S. 40/41: Mond über Balkon, S. 76/77: Venus (heller Punkt) und Saturn, Seite 96/97: Abendhimmel zu Winterbeginn.

Mit 91 Farbfotos von Archiv Kosmos Verlag (1): 31 oli; Klaus Bauer (2): 17 re, 18 oli; Martin Gertz, Sternwarte Welzheim/Planetarium Stuttgart (36): Innendeckel, 6, 13 o (beide), 16, 18 uli, 18 m, 19 o, 26 ure, 31 ure, 34 ure, 51 u (beide), 62 ore, 66 ore, 66 ure, 67 u (beide), 71 u, 74 ure, 75 o, 75 ure, 82 re, 86 ure, 87 uli, 91 oli, 94 uli, 102 ore, 103 (beide), 110 ure, 111 ore, 115 (beide), 122 ure, 123 ore; Bernhard Hubl, www.astrophoton.com (2): 38 uli, 119 ore; Hubble-Weltraumteleskop, NASA/ESA/STScI (3): 7 re, 111 oli, 118 ore; Thomas Mazon/Wikipedia (1): 54 u; Sven Melchert, Stuttgart (1): 20/21; NOAO/AURA (25): 27, 35 o, 46 ore, 47 o (beide), 51 mre, 55 (alle), 58 (alle), 59 (alle), 63 ore, 67 ore, 83 o (beide), 91 mli, 95 o, 106 ore, 107 o (beide), 114 ure, 119 u (beide); Klaus M. Schittenhelm, Stuttgart (7): 11 u (alle), 40/41, 50 uli, 71 ore, 87 mre; Stefan Seip, www.astromeeting.de (2): 76/77, 96/97; Mario Weigand, www.skytrip.de (11): 11 o, 15, 19 u, 47 m, 50 ore, 63 ure, 70 u, 95 u, 102 ure, 107 ure, 123 u

Mit 68 Illustrationen von Gunther Schulz, Fußgönheim (63): 3, 7 li, 10, 12, 13 u, 14, 17 uli, 23, 25, 26 mli, 29, 30 uli, 33, 34 uli, 34 mre, 35 mre, 37, 38 ore, 39 ore, 43, 45, 46 uli, 49, 50 mli, 53, 54 oli, 57, 61, 62 uli, 63 uli, 65, 66 uli, 69, 70 mli, 71 oli, 73, 74 uli, 79, 81, 82 uli, 83 mli, 85, 86 uli, 89, 90 uli, 91 ure, 93, 94 ure, 99, 101, 102 uli, 105, 106 uli, 109, 110 uli, 113, 114 uli, 117, 118, uli, 119 oli, 121, 122 uli; Archiv Kosmos Verlag (5): 30 ore, 39 uli, 75 uli, 87 ure, 114 ore